並行宇宙は実在するか

この世界について知りうる限界を探る

松下安武
野村泰紀 監修

みすず書房

観測可能な宇宙

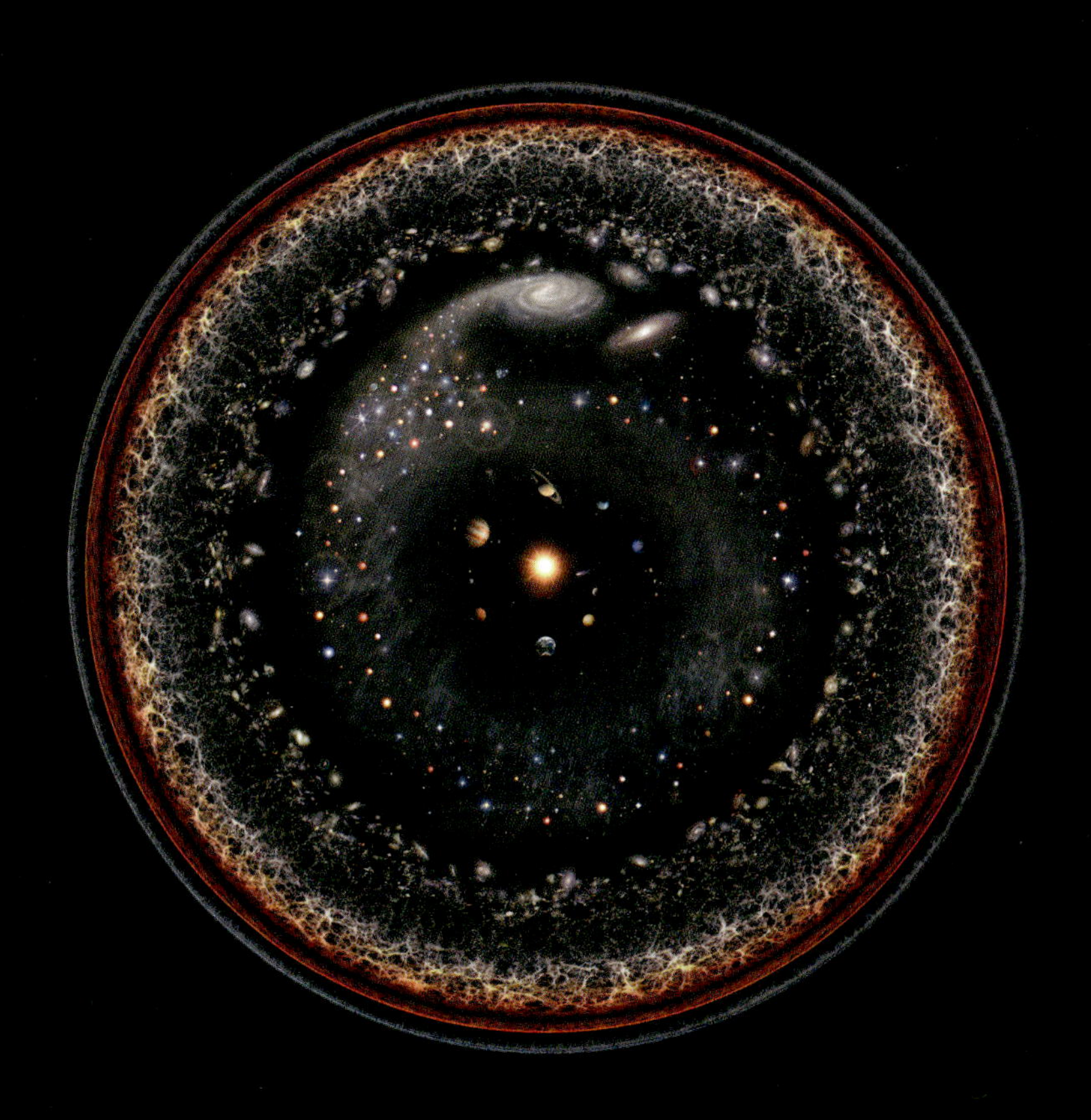

口絵 1　観測可能な宇宙の模式図。中心に太陽があり、円の中心から遠い領域（＝外縁部）ほど過去の宇宙が見える。外縁部の少し内側にある赤い線は、宇宙背景放射がやってきた晴れ上がりの頃の宇宙である。この円は、実際は球であり、宇宙背景放射は天球上のあらゆる方向からやってくる。なお、図では内側（太陽の近く）ほど大きく描かれている（55 頁、56 頁）。

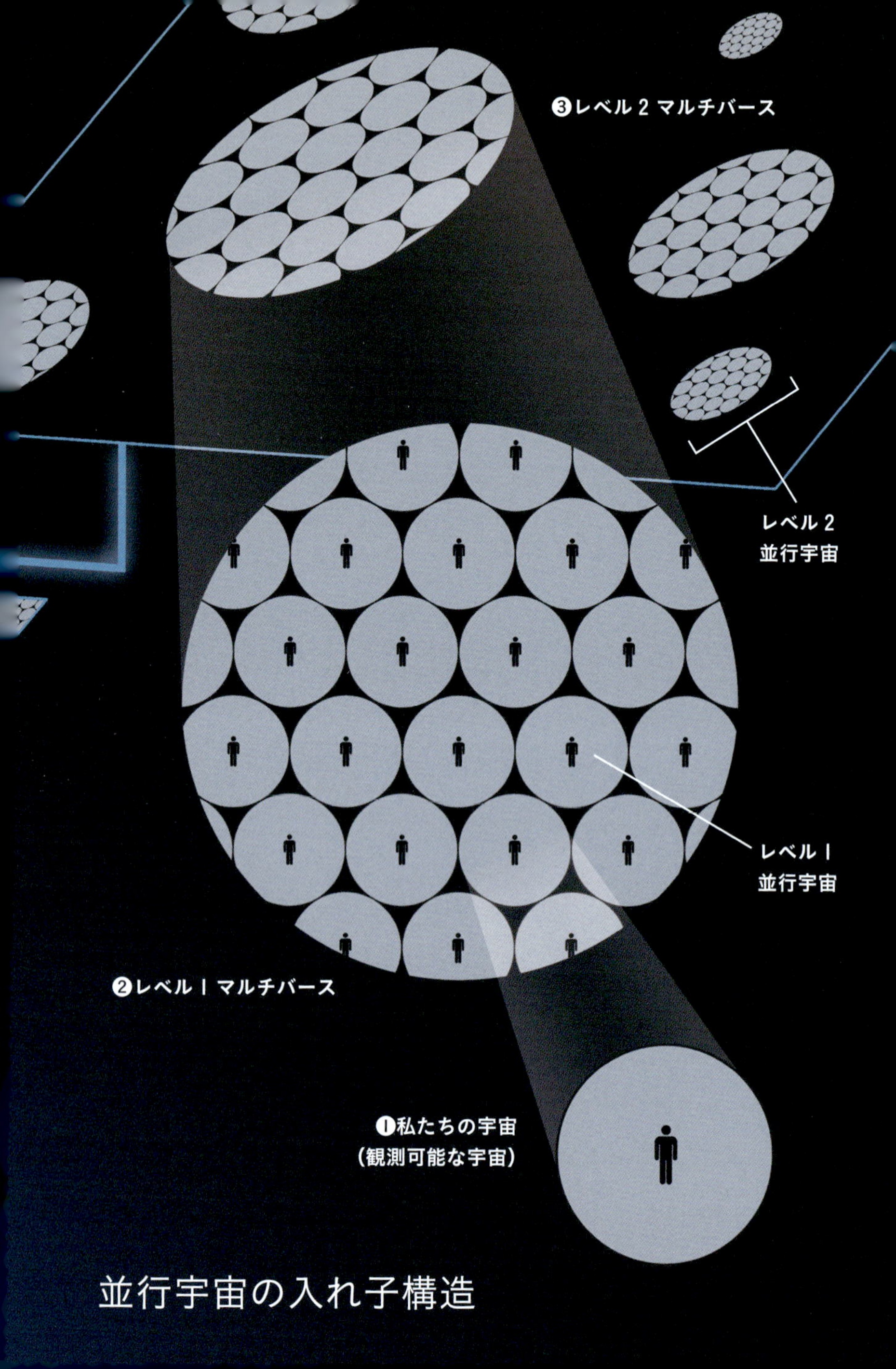
❸レベル 2 マルチバース
レベル 2
並行宇宙
レベル 1
並行宇宙
❷レベル 1 マルチバース
❶私たちの宇宙
（観測可能な宇宙）

並行宇宙の入れ子構造

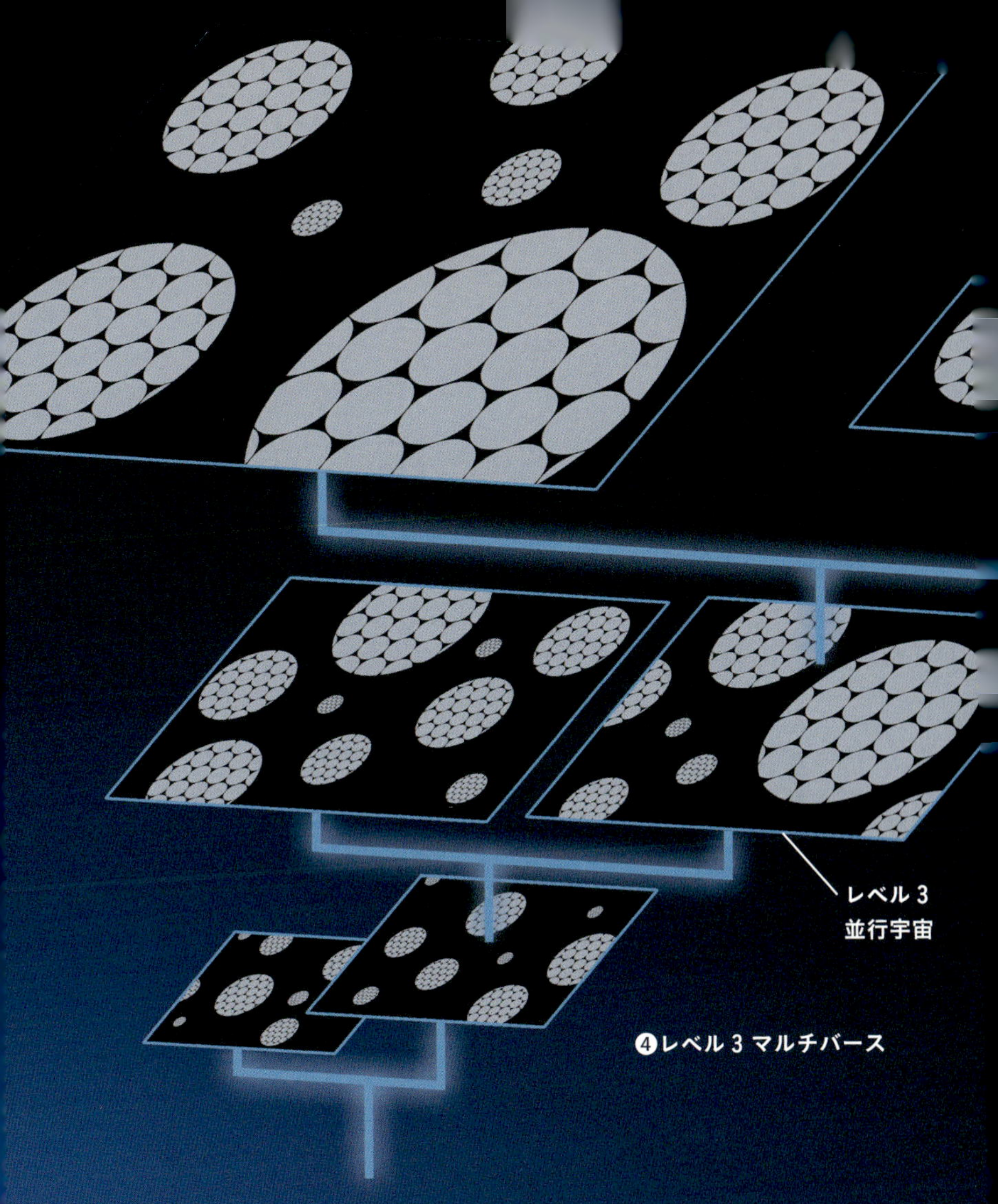

口絵 2　マルチバース宇宙論によると、宇宙は一つではなく、無数の並行宇宙からなる入れ子構造になっている（205頁）。私たちが観測可能な領域と同等の「レベル 1 並行宇宙」が無数に集まった「レベル 1 マルチバース」、そしてレベル 1 マルチバースを内包する「レベル 2 並行宇宙」（泡宇宙）が無数に集まった「レベル 2 マルチバース」、さらにレベル 2 マルチバースのあり得たそれぞれの歴史が「レベル 3 並行宇宙」として存在し、それらが無数に集まって「レベル 3 マルチバース」を構成している。

観測技術の進歩

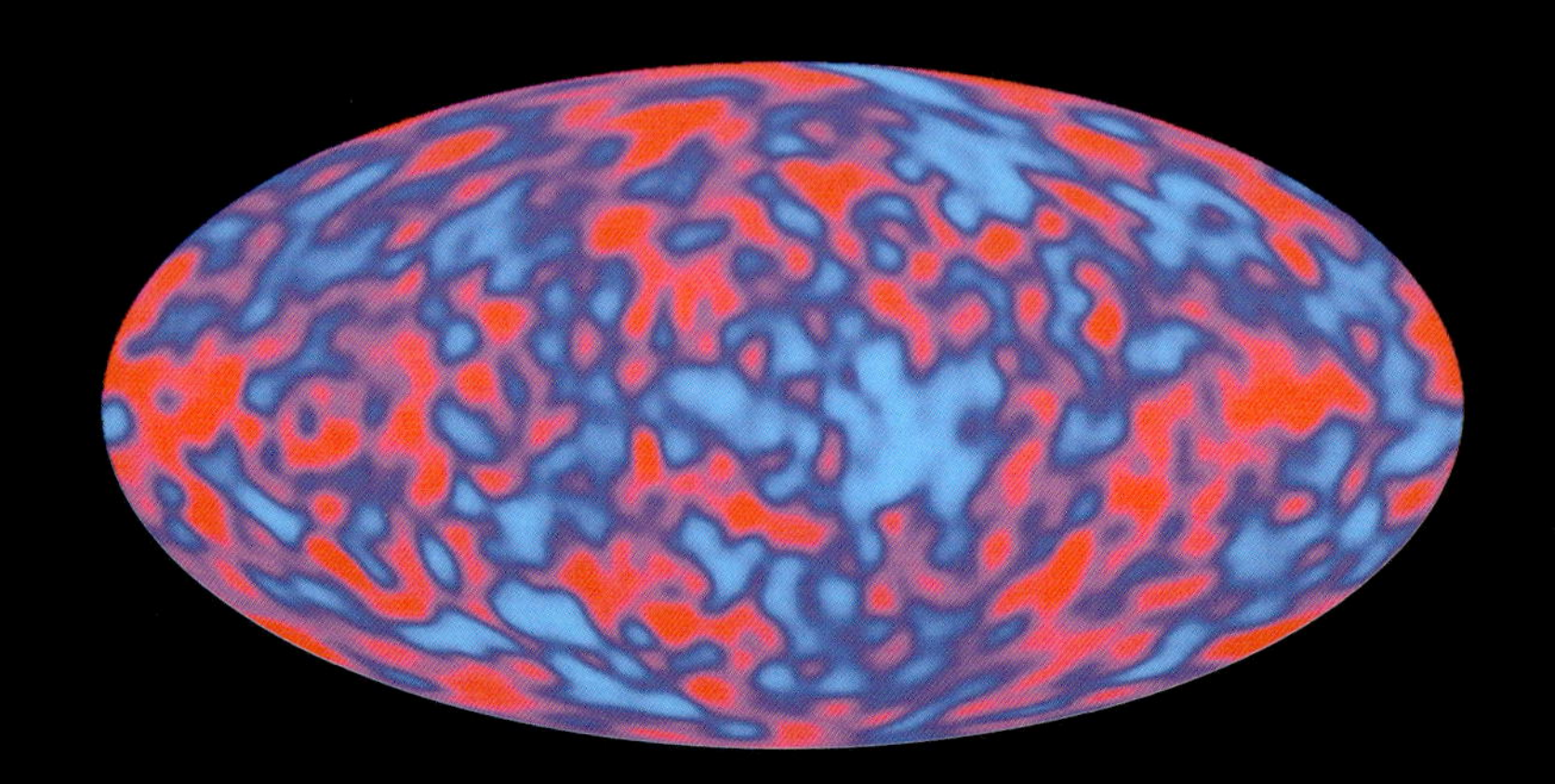

口絵 3　天文衛星 COBE による宇宙背景放射の全天の温度分布。赤色が温度がやや高い領域、青色が温度がやや低い領域。画像では、温度の差が極端に強調されているが、実際の温度の差は 10 万分の 1 程度しかない（56 頁、169 頁）。

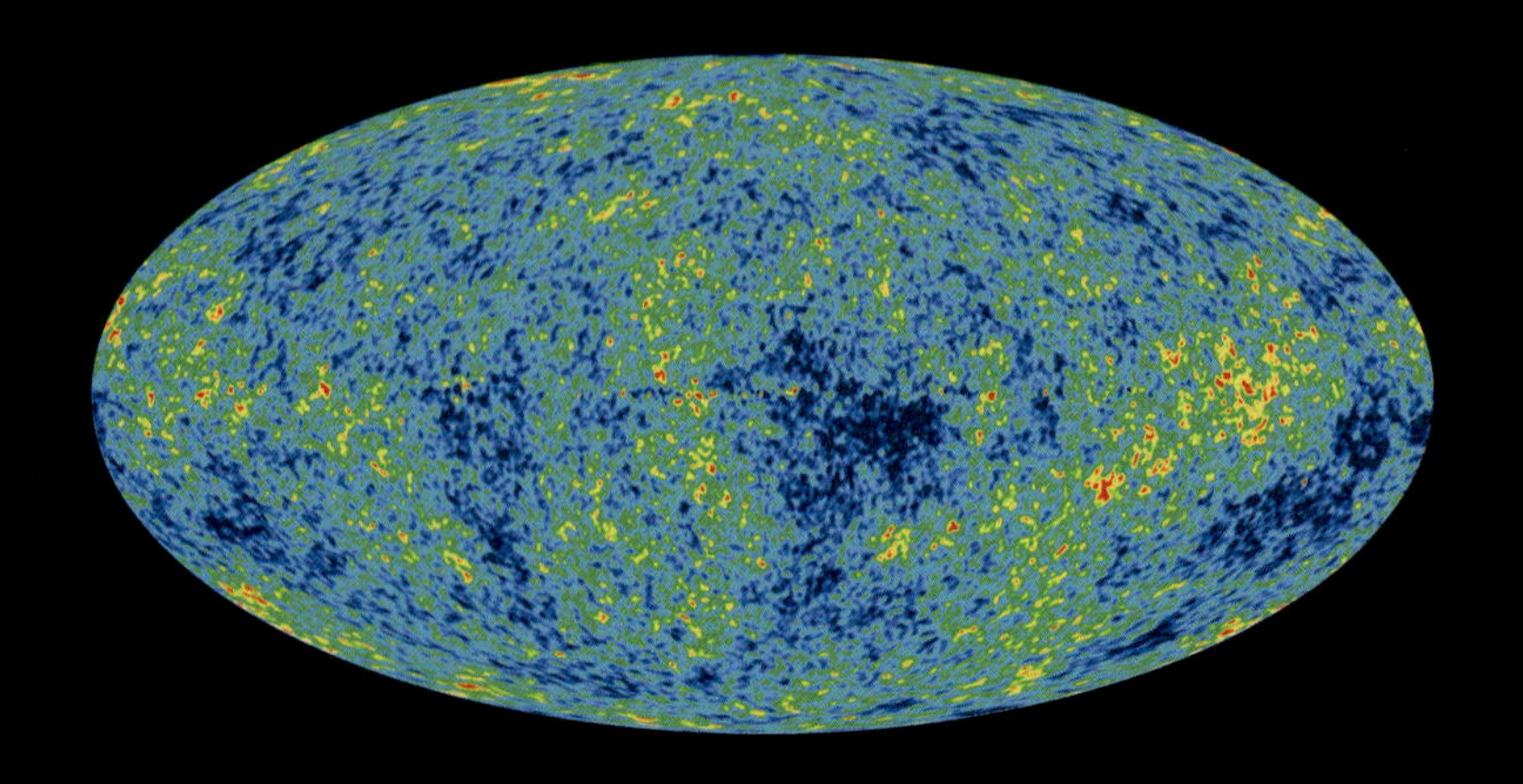

口絵 4　天文衛星 WMAP による宇宙背景放射の全天の温度分布。赤色が温度がやや高い領域、青色が温度がやや低い領域。口絵 4 の天文衛星 COBE の画像よりも細かく観測されている（172 頁）。

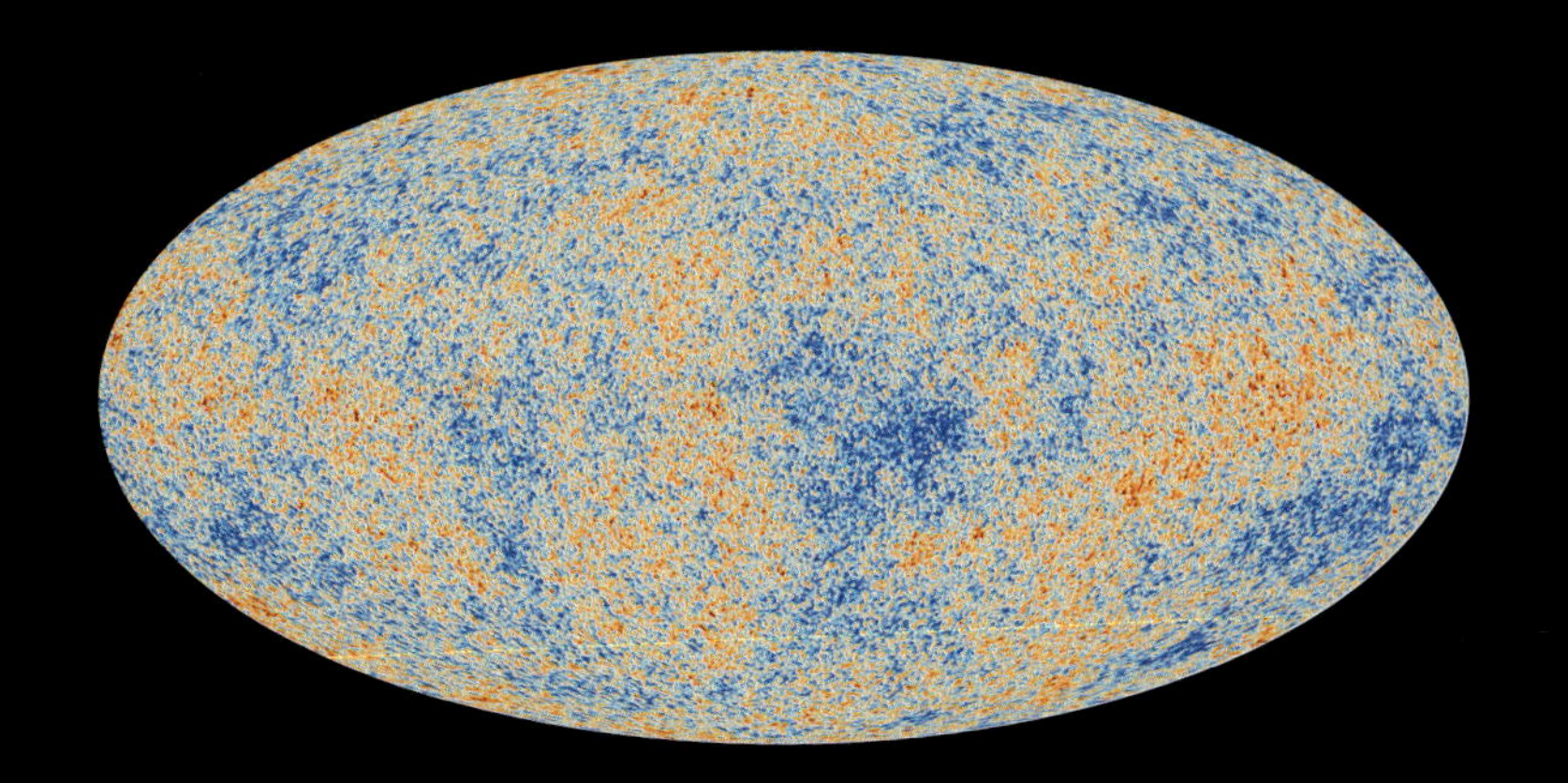

口絵 5　天文衛星 Planck による宇宙背景放射の全天の温度分布。赤色が温度がやや高い領域、青色が温度がやや低い領域。COBE や WMAP より細かく観測されている（172 頁）。

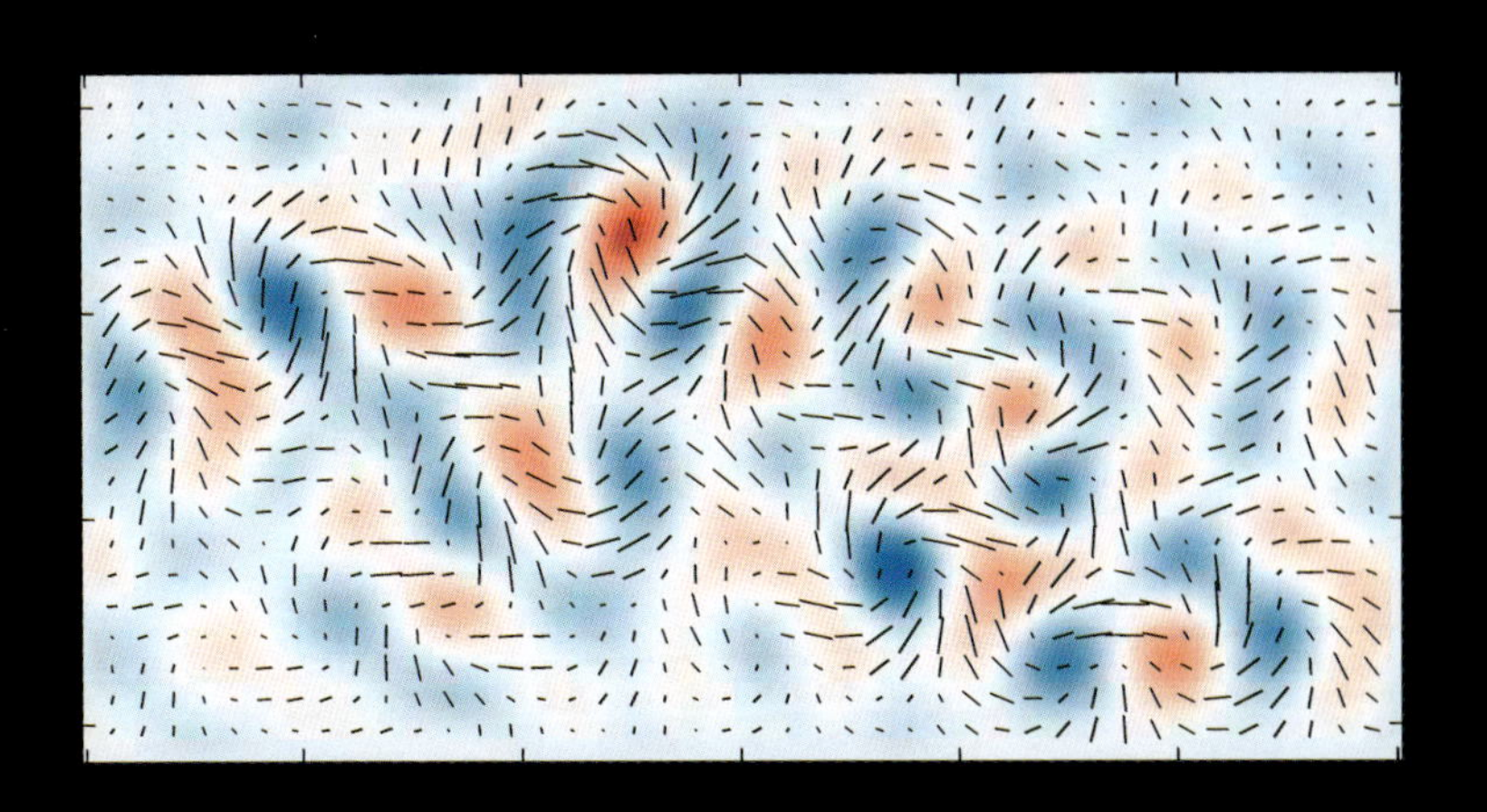

口絵 6　2014 年 3 月に発表された BICEP2 による宇宙背景放射の B モード偏光のマップ。棒の長さが偏光の強度、傾きが偏光の方向を表している。赤色の領域は時計まわり、青色の領域は反時計まわりに渦を巻いている傾向が見られる（180 頁）。

口絵 7　宇宙の大規模構造。中央のくびれた部分に地球が位置し、点の一つ一つが銀河を表す。DESI サーベイという天文観測によって得られたデータに基づいている（9頁）。

並行宇宙は実在するか　目次

3　マルチバース宇宙論は実証できるか

I　私たちの宇宙——ユニバース

第1章　宇宙はどのくらい広いのか

「宇宙」と聞いて、あなたは何を思い浮かべるだろうか？

宇宙についてのイメージは人それぞれだろう。ロケットや宇宙飛行士、国際宇宙ステーションなど、宇宙開発のニュースにおける宇宙とは、おおざっぱに言えば「空の向こうにある、空気がほとんど存在しない場所」である。どこからが宇宙かについての広く認められた定義はないが、国際航空連盟（ＦＡＩ）の「高度１００キロメートル以上」という定義が使われることが多いようだ。

しかし高校生の頃から「宇宙論」に興味をもち、その後も記者・編集者として宇宙論や天文学などの取材を続けてきた私からすると、宇宙開発における宇宙の定義にはやや違和感がある。宇宙論とは、宇宙全体の構造や歴史などについて研究する学問分野のことであり、宇宙論における宇宙とは、「この世界のあらゆるものを内包するもの」を指す。当然その中には地球も含まれる。私たちが今いる、ここも宇宙なのだ。

マルチバース宇宙論とは

宇宙論の分野では今、「私たちの宇宙以外にも、宇宙は無数に存在する」と考える理論が大きな注目を集めている。このような理論は「マルチバース宇宙論」と呼ばれている。「宇宙」は英語で「universe」（ユニバース）だが、この単語の頭についている「uni-」（ユニ）は「一つの」を意味する。それを「multi-」（マルチ）、つまり「多くの」を意味する接頭語に置き換えたのが「multiverse」（マルチバース）である。私たちの宇宙と同じように歴史を紡いでいる並行宇宙がたくさん存在すると考え、それら全体をまとめてマルチバースと呼んでいるわけだ。

「宇宙がたくさんあるなんて、そんな突拍子もないことがどうして言えるんだ？」と思うかもしれない。では、これまでに一度くらい、「この世界はどこまで広がっているんだろう」とか、「この世界はどのようにして誕生したんだろう」などと、ぼんやり考えてみたことはないだろうか。マルチバース宇宙論は、そんな素朴な問いを突き詰めた果てに得られた世界像の一つなのだ。

本書では、科学者たちが「宇宙は無数に存在する」という途方もないアイディアに至った道のりを、可能な限り丁寧にたどりたいと思っている。「なぜ、宇宙は無数に存在すると考えられているのか」「宇宙が無数に存在するとはどういう意味なのか」といった話をこれから展開していくわけだが、その前に、まずは私たちが住む〝この宇宙〟について知っておく必要がある。〝この宇宙〟がどんな世界なのかを知ることで、〝別の並行宇宙〟について知るための準備が整うはずだ。

「この宇宙はいったいどのような世界なのか」「この宇宙はどのくらい広いのか」。まずはここから話し始めることにしよう。

太陽までの距離は「500光秒」

宇宙の大きさについて知るには、まず距離の単位について知らなければならない。日常生活で使われる一般的な距離の単位は「キロメートル」である。しかし宇宙はとてつもなく広いので、距離を表すのにキロメートルを使っていては、数が大きくなりすぎて分かりにくくなってしまう。そこで利用されるのが、猛烈な速さで進む「光」だ。

真空中での光の速度（光速）は宇宙の最高速度であり、その値は秒速約30万キロメートルにも達する（正確には、秒速29万9792・458キロメートル）。光はあまりにも速いので、日常生活ではその速度を実感することは難しい。しかし光の速度は無限ではなく、有限だ。つまり、ある距離を進むのに有限の時間が必ずかかることになる。

宇宙で距離を表すときには、「光が到達するのにどれくらいの時間がかかるか」を使うことが多い。光で1秒かかる距離は1光秒、1日かかる距離は1光日、1年かかる距離は1光年といった具合だ。よく使われるのは「光年」という単位で、1光年は約9兆5000億キロメートルである（ざっくり「1光年≒10兆キロメートル」と覚えておくと便利だ）。「光年」と、末尾に「年」という字が来るので、時間の単位と間違われがちだが、距離の単位である。

地球の1周は約4万キロメートルである。これは自動車の走行距離の目安としてもよく使われるので知っているという人も多いだろう。光は1秒間に地球を7周半できる計算になる（速度を落とさずに曲がりながら進めればの話だが）。地球1周に要する時間は0・13秒なので、地球1周の距離は0・

13光秒ということになる。

地球からもっとも近い天体である月は、地球から約38万キロメートル離れているので、光で1・3秒かかる。つまり月までの距離は1・3光秒だ。

太陽は月とほぼ同じ大きさに見えるので、遠くにあるという実感が薄いかもしれないが、実は月の400倍も遠くにある。* 地球から太陽までの距離は約1億5000万キロメートルで、光が到達するのに500秒かかる。つまり、太陽までの距離は500光秒、すなわち8・3光分ということになる。

さて、ここで非常に重要な指摘をしておこう。太陽から地球まで光が到達するのに500秒かかるということは、昼間に見える太陽は500秒前の過去の姿だと言える。仮にある瞬間に太陽が消滅したとしても、地球ではすぐにそのことに気づくことはできない。私たちは500秒後にようやく太陽の消滅に気づくことになる。「今、目の当たりにしていることは、今起きていることである」という日常生活の中での常識は、宇宙では通じないのだ。

今宵のアンドロメダ銀河は250万年前の姿

さて、太陽までの距離の話だけでも「宇宙はとてつもなく広いなあ」と思ったかもしれないが、まだまだ序の口である。さらに遠くには何があるかを見てみよう。

太陽のような自ら輝く天体は「恒星」と呼ばれる。太陽から一番近い、お隣の恒星「プロキシマ・ケンタウリ」までは、光で4・2年もかかる（**図1-1**）。つまり4・2光年もの距離があるのだ。

これは約40兆キロメートルに当たり、太陽・地球間の距離の約26万6000倍に相当する。

太陽は、「銀河系」または「天の川銀河」と呼ばれる恒星の大集団に属している。天の川銀河は円盤状の構造をもち、数千億個というとてつもない数の恒星が集まってできている。天の川銀河の直径は約10万光年だ。つまり端から端まで旅しようと思うと、光速で進んだとしても10万年もかかってしまう。私たちホモ・サピエンスは20〜30万年前に誕生したと言われているので、ホモ・サピエンス誕生から現在までの長い長い年月の間に、光は天の川銀河を1往復程度しかできないことになる。銀河はとてつもなく大きいのだ。

天の川銀河のまわりには、半径300万光年ほどの範囲に50個ほどの銀河が分布しており、この領域は「局所銀河群」と呼ばれている。天の川銀河は局所銀河群で2番目に大きな銀河で、もっとも大きな銀河は直径約20万光年の「アンドロメダ銀河」である。アンドロメダ銀河までの距離は約250万光年だ。

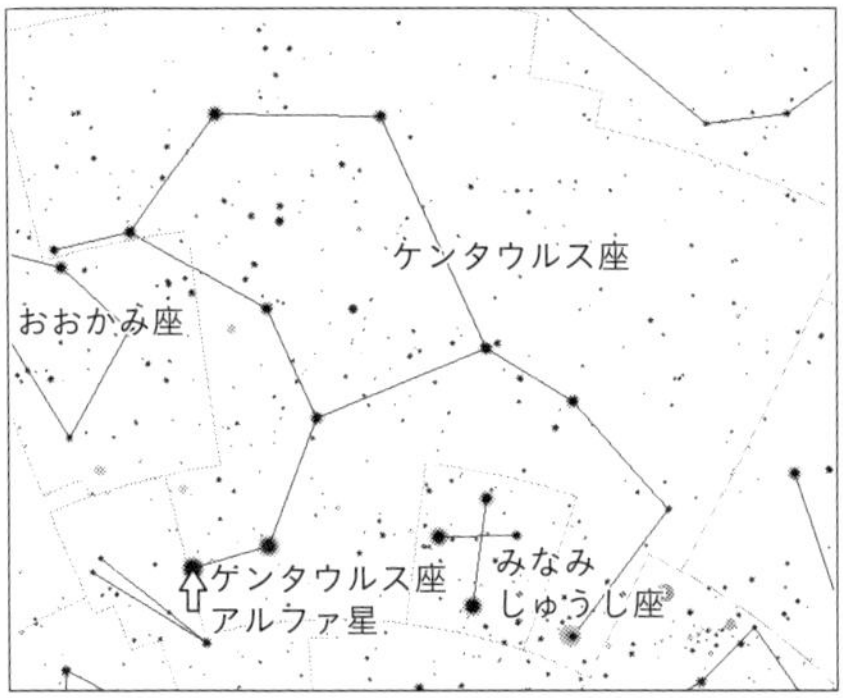

アンドロメダ銀河は秋の星座、アンドロメダ座に淡く輝く銀河である（**図Ⅰ-2**）。明るさは4等なので、都会の明るい夜空で肉眼で見るのは難しいが、街明かりの少ない暗い夜空であれば肉眼で見ることも可能だ（真っ暗な夜空では6等まで肉眼で見えるとされている）。見かけの大きさは、満月の直径の約

図Ⅰ-1　ケンタウルス座とケンタウルス座アルファ星（矢印）。ケンタウルス座アルファ星は三つの恒星が互いの周囲を回り合う「三重連星」で、地球にもっとも近いプロキシマ・ケンタウリはその中でもっとも暗く、小さな星である。

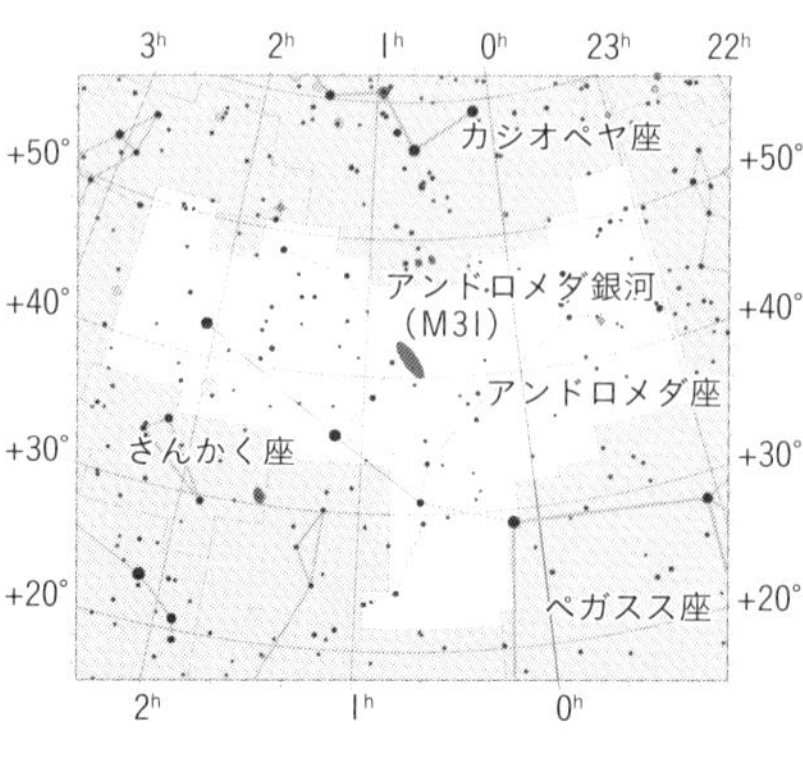

図1−2 (左)アンドロメダ座。(右)アンドロメダ銀河。M31とも呼ばれる。

8倍(角度にして約4度)にもなる。

先ほどの太陽の場合と同じように考えると、秋の夜空に見えるアンドロメダ銀河は、約250万年前の過去の姿だということになる。250万年前というと、地球上にはホモ・サピエンスはまだ誕生しておらず、アウストラロピテクス(猿人)などがいた時代だ。

つまり、天文観測においては「遠くにある天体ほど過去の姿」だということになる。望遠鏡で遠くを見れば見るほど、時間を遡ることができるわけだ。望遠鏡はある種のタイムマシンだと言えるだろう。

私たちが住む局所銀河群は、宇宙の中では比較的小規模な銀河の集団であり、例えて言うなら町や村くらいの規模だ。宇宙には大都市に相当するもっと大きな銀河の集団があり、「銀河団」と呼ばれている。もっとも近い銀河団は「おとめ座銀河団」で、3000個以上の銀河からなる。地球からの距離は約6000万光年だ。恐竜絶滅が約6600万年前なので、おとめ座銀河団の姿は恐竜絶滅からさほど年月が経っていない頃の姿だということになる(おとめ座銀河団は数千万光年の範囲に広がっているので、銀河団のどこを見るかにもよる)。

宇宙にはこういった銀河団や銀河群が無数にあり、それぞれの間にも銀河がまばらに分布している。洗剤を入れた水にストローで息を吹き入れると、泡がたくさん積み重なった状態になるが、銀河の分布はこれに似ており、「宇宙の泡構造」または「宇宙の大規模構造」と呼ばれる(**口絵7**)。大規模構造の中で銀河が多く集まっている部分が銀河団や銀河群だ。泡(ボイド)の大きさは1億光年ほどにもなる。泡の中には銀河がほとんど存在しないので、その中を通る光は1億年もの間、銀河とほとんど出合わないことになる。

宇宙に果てはあるのか?

1光年、1万光年、1億光年、1兆光年……。数字の上では距離をどこまでも増やしていくことができるが、実際の宇宙はどこまでも無限に広がっているのだろうか。残念ながら、それを確かめることはできない。望遠鏡で観測できる範囲に限界があるためだ。

なお、この限界のことを、ニュースなどでは「宇宙の果て」と表現することがある。「宇宙の果ての銀河を発見!」といったニュースを聞くと、それ以上先に進むことを阻む壁のようなものが宇宙に

＊(6頁)　太陽の大きさは月の約400倍である。地球からの距離の比率と、大きさの比率がほぼ同じなので、太陽と月はほぼ同じ大きさに見える。この奇跡的な偶然のために、月が太陽をちょうど覆い隠す「皆既日食」や、「金環日食」(太陽の縁が輪っか状にわずかに残る日食)という現象が起きる。地球と月の間の距離は長い歴史の中で変化してきたので、私たちは太陽と月がほぼ同じ大きさに見える、奇跡的な時代に生きているとも言える。

あるというイメージを思い描くかもしれない。しかし、それは間違いだ。こういったニュースで語られる宇宙の果てとは、単に「それ以上先は観測できない」という「観測限界」のことを言っているにすぎない。

「じゃあテクノロジーが発展したら、さらに遠くが観測できるようになるわけだ」と思うかもしれないが、実はそれも間違いである。ここでいう観測限界とは、「それ以上先は原理的に観測できない」という意味であり、テクノロジーが進化しても観測できるようにはならないのだ。いったいなぜだろうか？

後の章で改めて詳しく説明するが、私たちが住む宇宙には「始まり」があり、そこから約１３８億年経っていることが分かっている。つまり現在の宇宙は１３８億歳なのだ。ここで「光の速度は有限である」ということを思い出そう。私たちの宇宙の歴史が１３８億年しかないということは、光ですら全歴史を通して１３８億光年しか進めないということを意味する。すると１３８億光年より先は観測不可能ということになる。なぜなら、１３８億光年以上離れたところからやってくる光は、地球にまだ届いていないからだ。つまり地球を中心として、半径１３８億光年の球の表面が原理的な観測限界であり、観測可能な宇宙の果て、ということになる。実際に最新鋭の望遠鏡では約１３５億光年先の銀河も見つかっており、このような銀河を細かい説明を省いて、「宇宙の果ての銀河」などとしばしば形容するのである。

ただし、１３５億光年先の銀河は、あくまで１３５億年前にそこにあったのであって、現在はそこに同じような形では存在していないだろう。銀河は宇宙の中で止まっているわけではなく、動いているし、さらに言えば、長い宇宙の歴史の中で、銀河は衝突・合体を繰り返して大きくなっていったと考えられている。つまり１３５億光年先に見えている銀河は、現在は別の場所に移動しているだろうし、おそらく他の銀河と衝突・合体して、より大きな銀河へと成長しているだろう。このように遠くの宇宙では、距離の話と時間の話がごちゃ混ぜになって入り組んでしまうので、注意が必要だ。

以上をまとめると、観測可能な宇宙の果てより先は、原理的に観測できないということになる。１３８億光年より先を観測しようと思っても、１３９億年前に宇宙は存在していないのだから。観測可能な宇宙の果ては、ある意味で時間の果てなのである。まるで禅問答のようだが、これが「宇宙はどれくらい広いのか」という問いの一つの答えだと言えるだろう。

「観測可能な宇宙の果て」は、本当は「１３８億光年先」ではない？

ここまで、話を単純にするために、観測可能な宇宙の果ては「１３８億光年先」と説明してきた。しかし、宇宙での距離の表し方にはいくつかの考え方があり、どの立場を取るかによって観測可能な宇宙の果てまでの距離の値は変わってくる。観測可能な宇宙の果てを「１３８億光年先」とする場合、それは光が旅してきた時間を使ってそのまま距離を表す立場を取っていることになる。

他にも、観測可能な宇宙の果てを「４７０億光年先」とする立場もある。この立場では距離を表す際に「宇宙の膨張」を考慮に入れている。第3章でまた詳しく説明するが、天文観測によって、宇宙空間は膨張していることが分かっているのだ。

なぜ宇宙が膨張していると、観測可能な宇宙の果てまでの距離の値が変わってくるのだろうか。た

（1）光が発せられた時

（2）光が到着した時（宇宙空間は2倍に膨張）

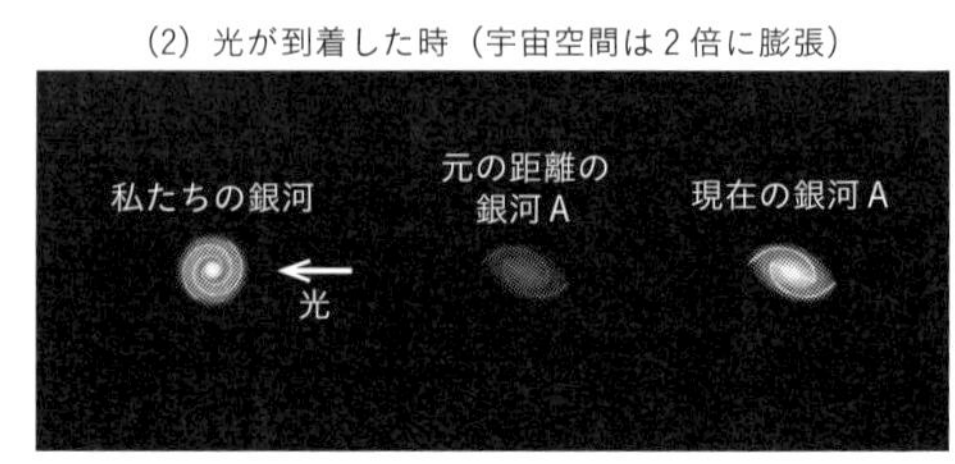

図1－3　遠くの銀河Ａの光が、私たちの銀河（地球）に届くまでには長い年月がかかる。その間に宇宙は膨張しているので、地球に光が届くころには、銀河Ａは元の距離より遠くにいるはずである。

とえば、遠くの銀河Ａから光が発せられ、その光が地球（私たちの銀河）に向かって進んでいくとしよう。その間にも、宇宙空間は膨張している（**図1－3下**）。その結果、地球に光が届く頃には、銀河Ａは元の距離より遠くにいることになる。同様にして、観測可能な宇宙の果てまでの距離を宇宙膨張の効果を加味して計算すると、約４７０億光年になるのだ。

私たちが住む場所は宇宙の中で特別なのか

以上のことから分かるように、観測に基づいた「宇宙の果て」探しには限界がある。ここからは想像をたくましくして、別の方法を考えてみることにしよう。

いわば神の視点で宇宙の広がりを捉え直すのだ。つまり「遠くは過去」という実際の観測上の制約を取っ払った、「遠くも現在」という視点だ。この視点に立ったとき、観測限界より先には、どのような世界が広がっていると考えられるのだろうか。遠くの宇宙の「現在」も見渡すことができる、

実は、科学の歴史は、「私たちが住む場所は、宇宙の中で特別な場所ではない」ということの確認の連続だったと言える。かつて人々は、地球を宇宙の中心だと考えていた。しかしニコラウス・コペルニクス（１４７３〜１５４３）やガリレオ・ガリレイ（１５６４〜１６４２）らによって、地球は宇

宙の中心の座から引きずりおろされた。地球は太陽の周囲をまわる惑星の一つにすぎないことが分かったのだ。いわゆる天動説から地動説へのパラダイムシフト（世界観の劇的な変化）である。

さらに時代が下ると、太陽も宇宙の中心ではないことが分かってきた。太陽は、数千億個の恒星が集まった天の川銀河の中の恒星の一つにすぎなかったのだ。しかも太陽は、天の川銀河の中心から約2万6000光年も離れた、銀河の片田舎に位置していた（**図1－4**）。

さらに言えば、天の川銀河は宇宙で唯一の銀河でもなければ、宇宙の中心に位置している銀河でもないということも分かっている。宇宙には無数に銀河が存在しており、天の川銀河はその中のありふれた銀河の一つにすぎない。しかも前述した通り、天の川銀河は局所銀河群という、宇宙ではあまり目立たない、小規模な銀河集団の一員だったのである。

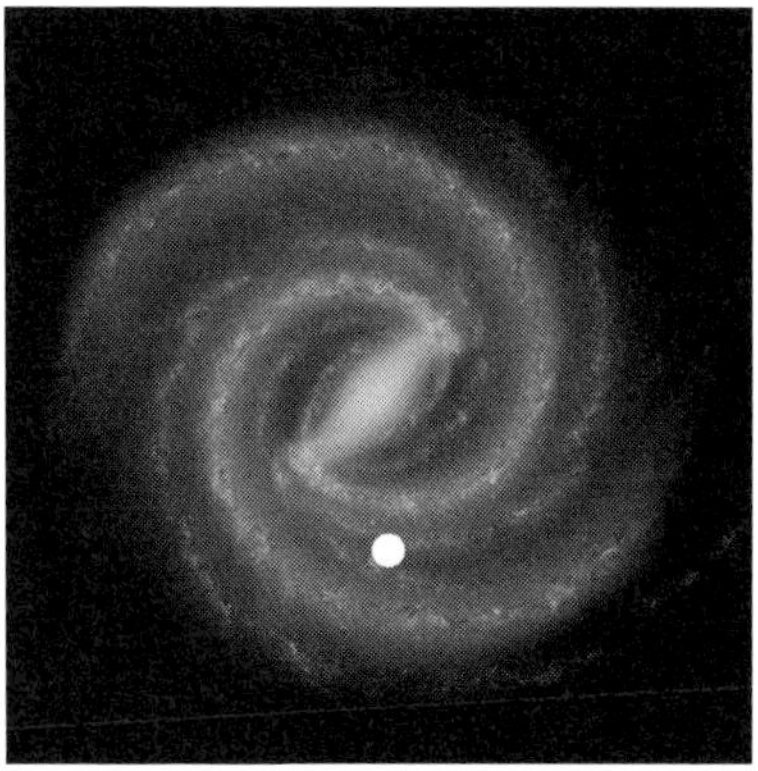

図1－4　私たちが住む天の川銀河の想像図。◯で示した位置に太陽系がある。

ちなみに観測可能な領域の中には、2000億～2兆個の銀河が存在すると言われている。

観測可能な宇宙の果てまでの距離は、たまたま私たちが生きている時代の宇宙年齢（138億歳）から導き出された距離であって、宇宙で特別な値というわけではない。過去には、観測可能な宇宙の果てが50億光年先だったときや100億光年先だったときもあったのだ。

観測的な証拠がないのであくまで推測になってしまうが、「私たちが住む場所は、宇宙の中で特別な場所ではない」とすると、観測可能な宇宙の果てに当たる距離より先も、私たちが住む近傍の宇宙と同じような世界が続いていると考えられる。つまり、ところどころに銀河群や銀河団のような銀河の集団があり、もっと大きなスケールでは銀河が泡構造（大規模構造）を作っている、そんな宇宙だ。きっとそこには地球のように地表に海をもち、生命を育んでいる惑星もあるに違いない。

宇宙全体は少なくともどれくらい大きいのか

観測可能な領域の外にも、天の川銀河の近傍と同じような宇宙が広がっているとしよう。では、そのような宇宙はどこまで続いているのだろうか。結論から先に言ってしまうと、どこまで続いているのかはよく分かっていない。ただし少なくとも、観測可能な領域が塵のように思えるほど、宇宙全体はもっともっと大きいだろうと理論的には推測されている。その根拠となるのが、「インフレーション理論」だ。

インフレーション理論では、「誕生直後の宇宙は指数関数的な膨張（インフレーション）を起こした」と考える。「指数関数的」とは、ある時間が経過したら2点間の距離が10倍になり、また同じ時間が経過したらさらに10倍（元の100倍）になるというような急激な膨張である。

インフレーションが実際にどのくらいの勢いだったのかは正確には分かっていないが、現在の最先端のテクノロジーでも測定できないくらいの一瞬の間に、塵くらいのサイズの空間が現在の観測可能な領域にまで膨張するような、とんでもない勢いの膨張だったと考えられている。そしてインフレーションが終了して広大な宇宙が生まれた後、宇宙はインフレーションに比べると緩やかな膨張を続けて、現在に至っているのである。

私たちの宇宙でインフレーションがいつ始まり、いつ終わったのかはよく分かっていないが、一瞬で塵くらいのサイズの空間が現在の観測可能な領域にまで広がるのだから、さらに同じ時間だけインフレーションが長く続いたら、現在の観測可能な領域すらも塵に思えてしまうほど空間全体は大きくなることになる。そのため、観測可能な領域をはるかに超えて、私たちの宇宙は大きいと考えられるのだ。

インフレーションについて初めて聞いた人は、「そんなとんでもない速さの空間の膨張が本当に起きたのか？」と疑問に思うかもしれない。インフレーションが本当に起きたのかについての直接的な証拠はまだ得られていないが、傍証と言えるものはいくつかある。宇宙論の研究者のほとんどは、インフレーションは実際に起きたと考えており、インフレーション理論は、現代宇宙論の基礎となる理論の一つとして捉えられている。「なぜ私たちの宇宙でインフレーションが起きたと考えざるを得ないのか」については、第4章で詳しく取り上げる。

ここまでで、すでに頭がくらくらしてきたのではないだろうか。しかし、まだ序の口である。このような広大な宇宙が一つではなく、無数に存在する、というのがマルチバース宇宙論なのだから。

観測可能な領域の外は事実上〝別の宇宙〟

先ほど、光速は有限なので観測できる距離には限界があると述べた。この有限な速度、つまり秒速30万キロメートルは、自然界の最高速度であることが分かっている。どんなものでも光速を超えることは原理的にできないのだ。[*]

このことから興味深い結論が導き出される。インフレーションが終了して広大な宇宙が生まれてから現在までの間、観測可能な領域より先は、私たちが住んでいる天の川銀河の周辺とは一切の交流がないことになるのだ。ここでいう「交流がない」とは、物質の行き来がないというだけではなく、重力などの影響も及ぼしあっておらず、光などを介した情報のやり取りもないという意味だ。光速が自然界の最高速度なのだから、その光すらもまだ届いていない領域からは、何の情報も届いていないことになるからだ。インフレーションが終了して以来、「まったく関係をもっていない」と言ってもいい[**]。

すると、観測可能な領域より先は、もはや別の宇宙（並行宇宙）と言ってもいいかもしれない。実際、「宇宙」という言葉を「観測可能な領域」の意味に限定して使う研究者も多い。「観測可能な領域」は一つの宇宙であり、その外は「別の宇宙」だとも言えるわけだ。このような考え方はもっとも単純なマルチバース宇宙論の一つだと言えるだろう。

第1章の要点

・天文観測では、遠くにある天体ほど、より過去の姿が見える。
・宇宙には、原理的にそれより遠くを観測することができない「観測可能な宇宙の果て」がある。
・誕生直後の宇宙は「インフレーション」と呼ばれる凄まじい空間の膨張を起こした。

・観測可能な領域の外は、インフレーションが終了して以来、私たちの住む天の川銀河の近くとは一切の交流がなく、事実上「別の宇宙（並行宇宙）」だと言える。

＊　光速は相対性理論と密接に関係している。相対性理論は、運動速度によって、「時間の進み方は遅くなったり速くなったりする」といった驚くべき結論を導き出す理論である。

＊＊　ここで「インフレーションが終了して以来」と書いたのには実は深いわけがある。インフレーションの前には、私たちが現在いる場所と観測可能な領域の外も何らかの交流があったはずだと考えられているのだ。この辺りの話は、第４章で「地平線問題」を取り上げるときに詳しく解説する。

第2章　宇宙は無限か有限か

テレビ番組で「このお菓子いくつ欲しい？」と聞かれた小学校低学年くらいの子どもが「無限個！」と答えて、けらけらと笑っているのを見たことがある。「無限」という言葉は漫画などにもよく出てくるので、知っている子どもも多いのだろう。しかし無限という概念の奥深さまではちゃんと理解できていない人も多いのではないだろうか。

たとえば、無限の不思議さを実感できる有名な問題に、数学者のダフィット・ヒルベルト（1862〜1943）が考案した「ヒルベルトの無限ホテルのパラドックス」がある。

客室数が無限のホテルがある日、満室になっていた。そこに新たな客が一人やってきた。そこでホテル側は、1号室の客は2号室に移動してもらい、2号室の客は3号室に移動してもらい、3号室の客は4号室に移動してもらう……といった具合に全宿泊客に隣の部屋に移動してもらった。すると1号室が空室になったので、無事、新たな客は宿泊することができた。何とも不思議な話だが、部屋数が無限であれば、こんなことが可能になるのである。

それだけではない。無限ホテルが満室でも、無限の客をさらに泊めることができるのだ。1号室の客は2号室に移動してもらい、2号室の客は4号室に移動してもらい、3号室の客は6号室に移動してもらう……といった具合に、N号室の客は2N号室に移動してもらえば、奇数号室がすべて空室になる。奇数は無限に存在するので、無限の新たな客を泊めることができるわけだ。無限というのは、かくも不思議な性質をもっているのである。

宇宙に果てはあるか？

さて、本章では宇宙の大きさは無限なのか有限なのかという問題について考えてみることにしよう。なお、ここで言う「宇宙の大きさ」とは、宇宙の体積のことだとする。

結論から先に言うと、宇宙全体の大きさが有限なのか、無限なのかはよく分かっていない。有限である証拠は得られていないし、無限である証拠も得られていないのだ。理論的にも、宇宙の大きさは有限の可能性もあれば、無限の可能性もある、とされている。

「宇宙が有限」というと、「宇宙空間に果てがある」ということだと誤解してしまいがちだが、実は、両者は同じではない。宇宙が有限であったとしても、必ずしも宇宙空間に果てがあることにはならないのだ。ここで言う「宇宙空間の果て」とは、第1章で説明した「観測できる限界」という意味での「観測可能な宇宙の果て」とは異なる。空間がある場所で突然途切れている、といった状況のことを指している。

空間がある場所で突然途切れているような「果てのある有限の宇宙」は、ありえないとは言えないが、かなり特殊なものなので、*本書では扱わない。そのため本書では、有限の宇宙とは「体積が有限で、果てがない空間」のことを指すことにする。「体積が有限で、果てがない空間」そのものはなかなか想像しにくいので、一つ次元を減らして、「有限の2次元の宇宙」を考えるのが分かりやすい。つまり、「面積が有限で、果てがない面」である。このような面は無数に考えられるが、もっとも単純なのは地球の表面のような「球面」である。

球面の面積は、当然ながら有限だ。しかし球面の上をどこまで進んでいっても、何かにぶつかることはないし、面が突然途切れていることもないので、「果てがない」と言える。つまり、曲がって閉じている面であれば、「面積が有限で、果てがない面」になるわけだ。

ここから類推すると、「体積が有限で、果てがない空間（＝有限の宇宙）」とは、曲がって閉じている空間ということになりそうだ。では、「曲がった空間」とは何なのだろうか。そんなものがありうるのだろうか。

空間は「曲がる」

実は、アルベルト・アインシュタイン（1879〜1955）が1915年頃に確立した「一般相対性理論」によって、空間は曲がりうることが分かっている。しかも、空間が曲がることは、理論上だけの話ではなく、実際に天文観測などによって実証されているのだ。

では、どうすれば、空間が曲がっていることを確かめられるのだろうか？　空間の曲がりを検証するために使われるのは「光」である。光は本来、まっすぐ進む性質があるため、もし真空の宇宙空間

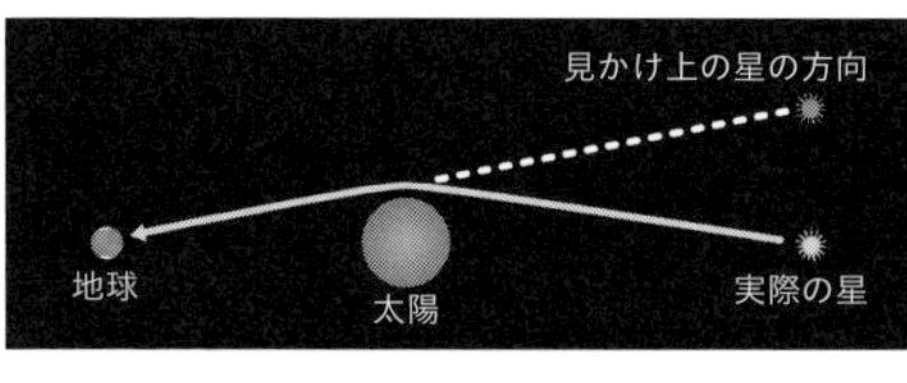

図2－1　質量の大きな太陽の近くでは星からの光が曲げられる。その結果、星の見かけの位置が本来の位置からずれて見える。

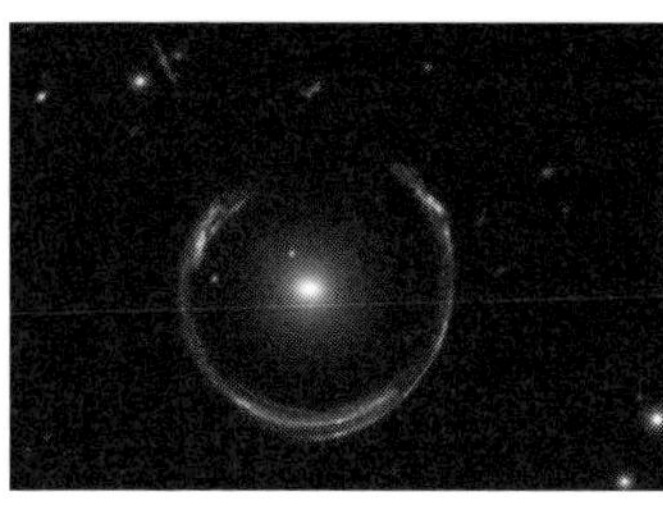

図2－2　リング状に写っているのは、ハッブル宇宙望遠鏡がとらえた「アインシュタイン・リング」。その正体は、中央の銀河による重力レンズ効果によってゆがめられた、遠くの銀河の像である。

で光が曲がって進んだとしたら、それは空間自体が曲がっていることになる。

一般相対性理論によれば、質量**をもった物体の近くでは空間が曲がる。そして物体の質量や密度が大きいほど、空間の曲がり方は大きくなる。たとえば、太陽の近くでは、空間が曲がっていることが実際に確かめられている。地球から見て太陽の後ろの方向にある遠い星からやってきた光が、太陽の近くで曲げられて地球に届くことが、イギリスの天文学者・物理学者アーサー・エディントン（1882～1944）によって1919年に確認されているのだ（**図2－1**）。光が曲げられた結果、星の見かけの位置がわずかにずれたのである（ずれは角度にして1・75秒角。1秒角は1度の3600分の1）。なお、通常、太陽の近くの星は、太陽の明るさにかき消されて見えないが、この観測は月が太陽を隠す皆既日食のときに行われた。

図2－2を見てほしい。画像中央の明るい円は銀河である。そして、その周囲に何やら奇妙なリング状のもの

が写っている。実はこれは、中央の銀河よりも遠くにある別の銀河がゆがんで見えている姿である。遠くの銀河からやってきた光が、中央の銀河によって曲げられた空間を通ることによって進路を曲げられ、その結果、遠くにある銀河の像がリング状にゆがんで見えているのだ。

このような現象は、空間のゆがみがレンズのように振る舞うことから「重力レンズ効果」と呼ばれており、特にこのようにリング状に見える像は「アインシュタイン・リング」と名付けられている。宇宙では、重力レンズ効果は特に珍しい現象ではなく、似たようなゆがんだ銀河の像はたくさん見つかっている。

「空間が曲がる」などということは、私たちの常識的な感覚からすると、にわかには信じがたい話だ。しかし「空間が曲がる」ことは、多数の天文観測によってすでに実証されており、現代科学では、疑いようのない事実だとみなされている。常識的な感覚にしばられていては、自然界の真理に近づくことはできないのだ。

曲がった面での〝直線〟とは？

さてもう一度、地球の表面のような球面を考えてみよう。球面となっている地面に沿ってまっすぐに進み続けると、最終的には地球をぐるっと一周して元の場所に戻ってくるはずだ。ここで注目したいのは、球面上の「まっすぐ（直線）」とはどういう意味かである。球面上の直線は3次元空間から見ると曲がっているので、改めて球面上での直線の定義を考えなくてはならない。

球面上の「まっすぐ」な線と、球面上でも曲がっている線は何が違うのか。それは、「球面に沿って2点間を結んだ最短ルート」かどうかである。たとえば、2点間にゴムをピンと張ると、ゴムは球面上の最短ルートを描く。つまり、球面上の直線になる。

球面上の直線は必ず「大円（だいえん）」の一部になっている。大円とは、球の中心を含むように球面を切ったときの断面である（**図2－3**）。球面をちょうど真っ二つに割ったときの断面だと言ってもいい。地球で言うと、東西の経度を表す経線はすべて大円、つまり球面上での直線である。一方、南北の緯度を表す緯線は、赤道（緯度0度）を除いて大円ではない、つまり球面上での直線ではないことになる。

今度は、3次元空間が球面と同じように曲がっている有限の宇宙を考えてみよう。この場合も、まっすぐに引いた直線は、宇宙をぐるっと一周して元の場所に戻ってくることになる。「直線が元の場所に戻ってくるなんてことはありえない。仮に元の場所に戻ってきてしまったとしたら、それは直線ではなく、曲がっているはずだ」と考えたくなるかもしれない。この場合も鍵を握るのは、どうすれば、「まっすぐ」と言えるのかである。

曲がった3次元空間における「まっすぐ（直線）」も、「2点間を結ぶ最短ルート」だと考えればよい。そして広大な宇宙で最短ルートを調べるのに使われるのが、光なのである。

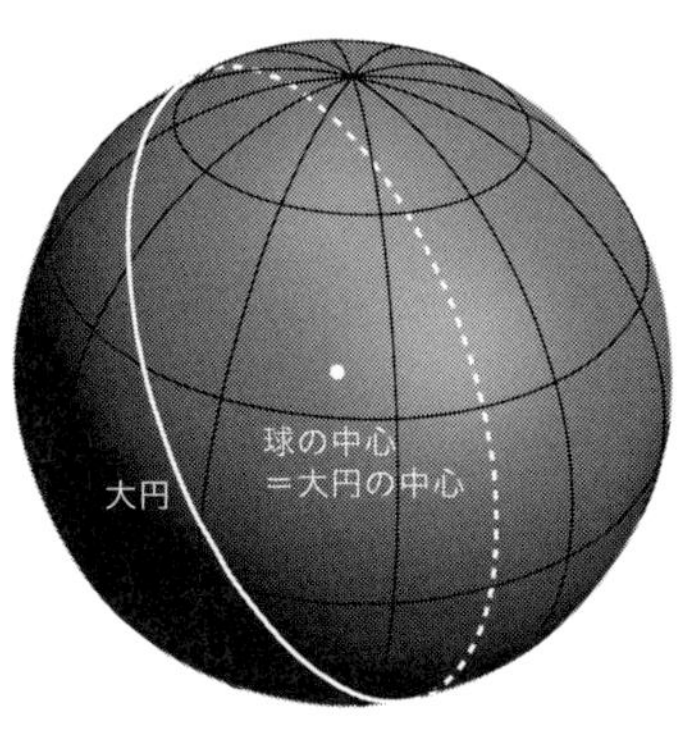

図2－3　球の中心を通るように球面を切ったときの断面を大円という。大円は、球面上の直線（最短ルート）になっている。

宇宙の〝曲がり具合〟の調べ方

前述の通り、空間は太陽の近くなどで部分的には曲がることが実証されている。では、広大な宇宙は全体として曲がっているのだろうか。

２次元の面である地球の表面が全体として曲がっていることは、宇宙から眺めれば一目瞭然だ。しかし、私たちは宇宙空間を〝外〟から眺めることはできないので、宇宙空間が全体として曲がっているかどうかは確かめようがないようにも思える。しかし実は、宇宙空間の中にいながらにして、宇宙空間が全体的に曲がっているかどうかを確かめる方法がある。それは「広大な宇宙空間で三角形を考え、その内角の和（合計）が１８０度になるかどうかを調べる」という方法だ。

小学校で「三角形の内角の和は１８０度になる」と習ったことを覚えているだろうか。実はこの法則が成り立つには、ある条件が必要である。それは「三角形が描かれた面が平らである」という条件だ。三角形が描かれた面が曲がっていたら、三角形の内角の和は１８０度からずれてしまうのだ。

たとえば、三角形が描かれた面が球面だった場合、三角形の内角の和は１８０度より大きくなる。前述の通り、球面上での直線は大円または大円の一部であり、地球でいうと経線と赤道が直線に当たる。地球儀をもってきて、適当な2本の経線と赤道で三角形を作ってみてほしい。赤道と経線は必ず直交する、つまり90度で交わるので、赤道と経線が成す二つの角度を足すだけで１８０度になり、経線どうしが成す角度をさらに足すと必ず１８０度を超えることが分かるはずだ（**図２－４**）。

ただし、球面上であっても、描いた三角形が小さいと１８０度からのずれは小さすぎて目立たない。私たちが地球の曲がりを実感できないのはこのためだ。

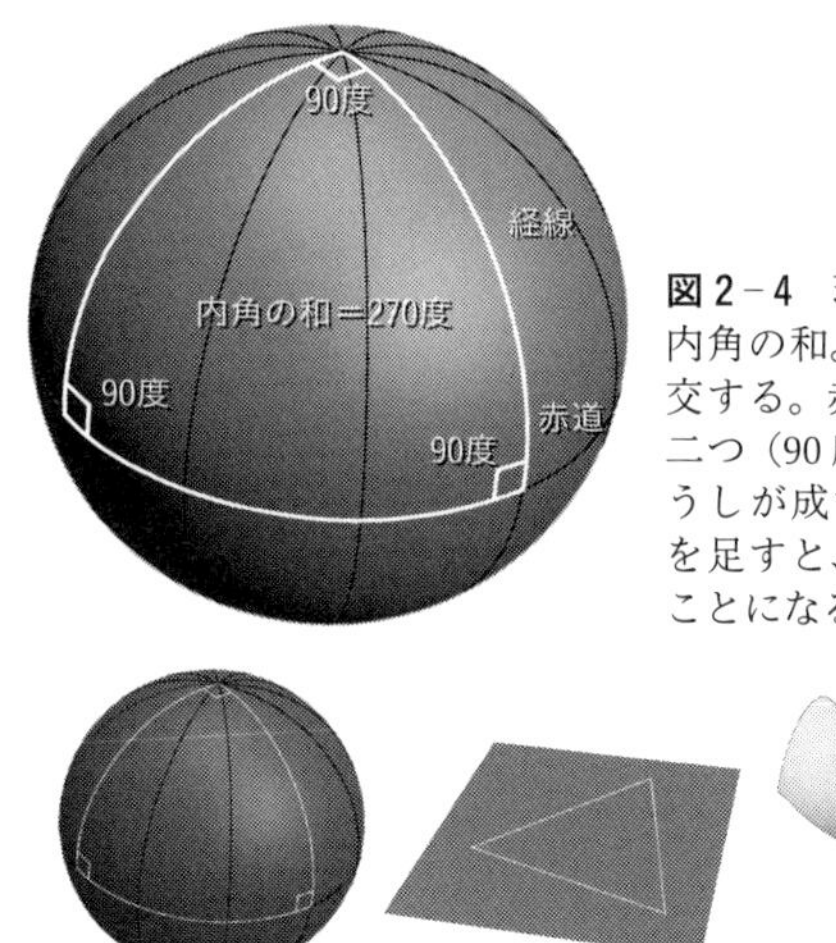

図2－4　球面上の三角形とその内角の和。赤道と経線は必ず直交する。赤道と経線が成す角度二つ（90度＋90度）に、経線どうしが成す角度（図では90度）を足すと、必ず180度を超えることになる。

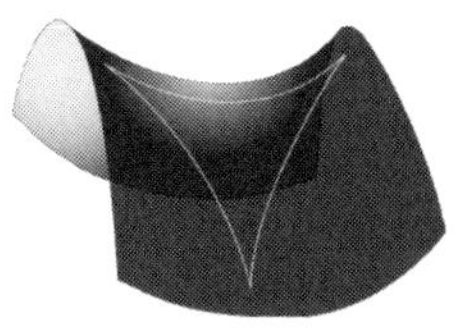

図2－5　一番左は曲率が正、真ん中は曲率がゼロ、一番右は曲率が負の面である

このように三角形の内角の和が１８０度を超えるような面は、「正（プラスの値）の曲率をもつ曲面」と呼ばれる（**図２－５**）。一方、三角形の内角の和が１８０度未満になるような面は、「負（マイナスの値）の曲率をもつ曲面」と呼ばれる。負の曲率の曲面の代表的なものは、馬の鞍のような曲面だ。三角形の内角の和がちょうど１８０度になるような面が平らな面（平面）であり、曲率はゼロである。宇宙全体で曲がり具合（曲率）が一定だと仮定した場合、基本的には、曲率が正なら「有限の宇宙」に、曲率がゼロまたは負なら「無限の宇宙」になる。このように、「果てのない宇宙」であっても、有限であることも、無限であることもありうるのだ。

宇宙空間（３次元空間）の曲がり具合は、宇宙スケールの三角形を考え、その内角の和を測ることで調べられる。実際、それに相当する天文観測が行われており、観測可能な領域についてはほぼ平らだということが分かっている。ただし、測定には誤差があるので、完全に平らなのか、わずかに正または負の曲率をもっているのかについてはまだ何とも言えない。また、地球の表面の曲がり具合が私たちが見える範囲では実感できないように、観測可能な領域は宇宙全体の曲がり具合を調べるのには小さすぎる可能性もある。以上のことから、宇宙が有限なのか無限なのかについては、まだ決着がついていないのである。

ファミコン時代のドラクエの世界のような宇宙

ここまでは、「体積が有限で、果てがない空間（＝有限の宇宙）」は曲がって閉じている空間だという前提で話してきた。しかし、厳密に言えば、「曲がっていない有限の宇宙」も、理論的には考えることができる。これもまた2次元の面で考えてみると、それはファミコン時代の「ドラゴンクエスト」などのＲＰＧ（ロールプレイングゲーム）のワールドマップのような世界になる。こういったゲームでは、操作キャラクターや船などの乗り物がマップの右端をこえると、左端から出てくる。これはマップの右の辺と左の辺が実は「同じもの」であることを意味している。つまり右の辺と左の辺が、空間を超えてくっついているわけだ（**図2－6**）。

このような世界は、**図2－7**のような上下左右に同じ正方形が無限に繰り返されている世界と同等だとも言える。たとえば、ある正方形の右端をこえると、そこは元の正方形とまったく同じ正方形の左端になっている。このような世界を少し強引に立体的に描くと、ドーナツの表面のような形状の「トーラス」という面になる（**図2－8**）。正方形の左右の辺をくっつけると円筒になり、さらに円筒の上下の辺をくっつけると、ドーナツの表面のような面になるのが分かるだろう。

もし、立方体状の空間で、**図2－6**と同じように、向かい合う面を「同じもの」とみなせるような空間があれば、それは「曲がっていない有限の空間」ということになる（**図2－9**）。つまり右の面をこえると左の面から出てきて、上の面をこえると下の面から出てくるような空間だ。こういった空間も、ありえる宇宙の姿の一つだと考えられている。

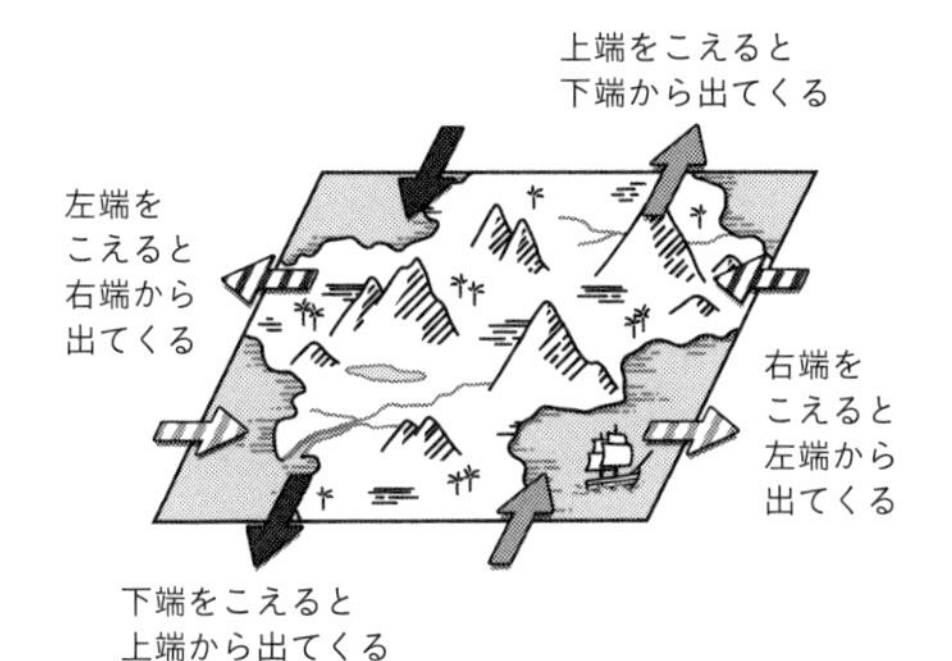

図2－6　昔のロールプレイングゲームのマップ。主人公たちが右端をこえると左端から出てきて、上端をこえると下端から出てくる。

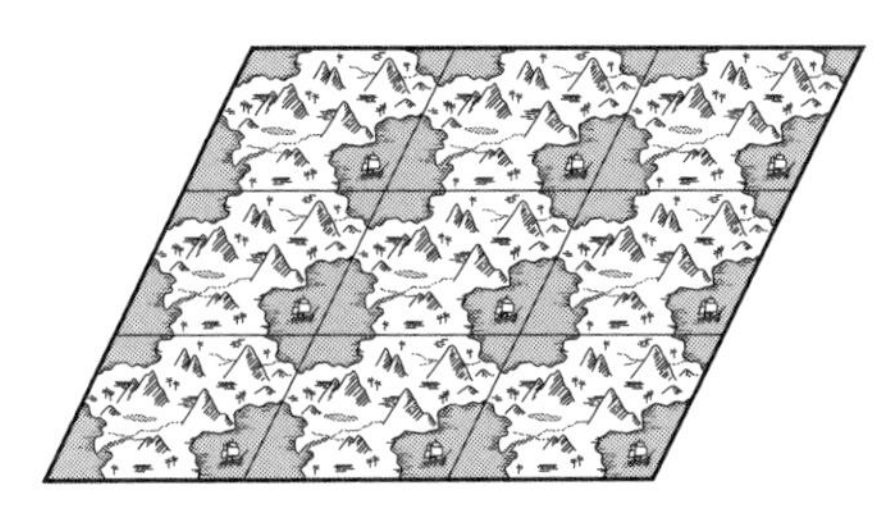

図2－7　同じ正方形が無限に繰り返される世界

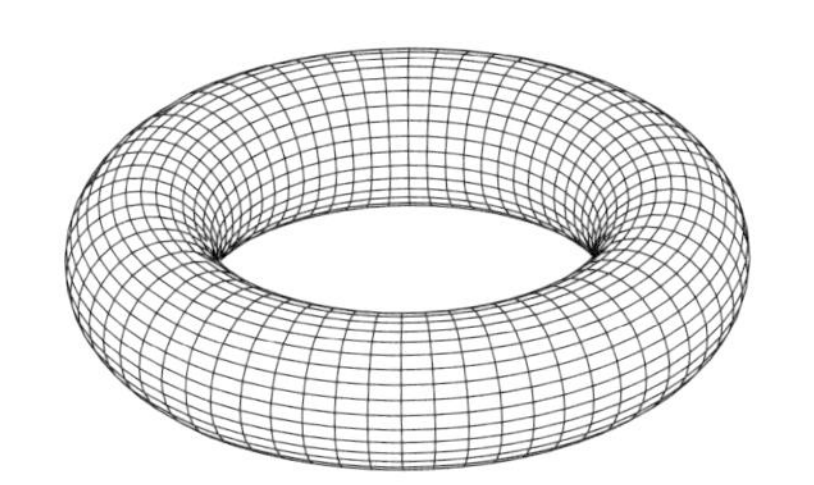

図2－8　トーラス図形。トーラスは２次元の面だが、宇宙がトーラスの３次元版のような形状をしている可能性もある。

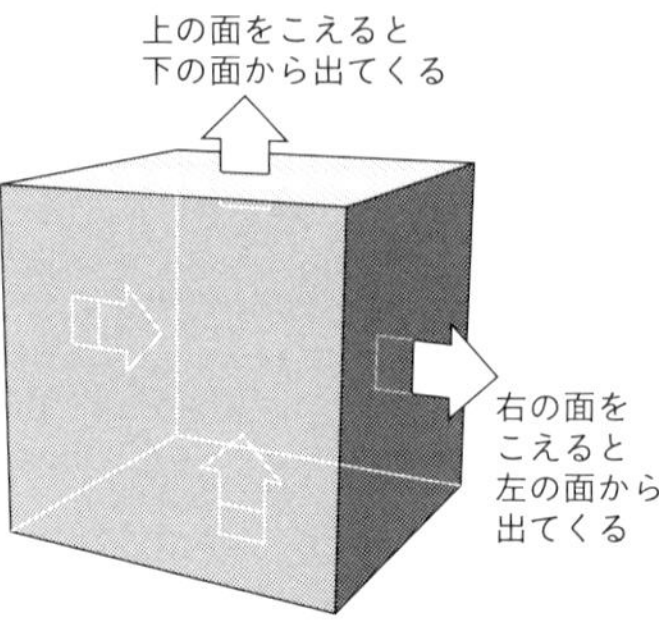

図2−9　立方体で表した「曲がっていない有限の空間」。ある面を通過すると、向かい合う逆側の面から出てくる。

無限の宇宙とはどんな世界なのか

有限の宇宙は、どれも私たちの常識からかけ離れた世界のように思えるかもしれない。それでは無限の宇宙の方が、納得しやすい世界なのだろうか？　なお、ここで言う無限の宇宙とは、「体積が無限大で、果てがない空間」のことである。

まず「無限大（∞）」の意味を確認しておこう。無限大とは、「凄まじく大きい数」という意味ではない。無限大は、考えうるどんな数よりも圧倒的に大きい。無限大にどんな数を足しても無限大のままだし（$\infty + x = \infty$）、無限大からどんな数を引いても無限大のままである（$\infty - x = \infty$）。また、無限大にどんな正の数をかけても無限大のままだし（$\infty \times x = \infty$）、無限大をどんな正の数で割っても無限大のままである（$\infty \div x = \infty$）。無限大を分母にした分数を考えると、分子にどんな大きな数（たとえば、$10^{1000000000000}$）をもってきても、その分数の値はゼロである。*

以上を踏まえて考えると、どんなに起きる確率が小さい現象でも、無限回行えば、その現象は無限回起きることになる（$\infty \times x = \infty$であるため。この場合、xは非常に小さい確率の値）。たとえば、宝くじで1億円が当たるといったことも、宝くじを無限回買うことができれば、必ず無限回起きることになる。

この考え方を無限の宇宙に適用すると、非常に奇妙なことが予言される。宇宙の遠いどこかには、地球と見分けのつかない惑星があり、そこにはあなたと見分けのつかない人間がいて、あなたと同じような人生を歩んでいることになるのだ。一見、突拍子もないことを言っているように思えるかもしれないが、論理的に考える限り、必然的にそんな結論になってしまうのである（有限の宇宙でも十分に大きければ同じことが言える）。以下では、なぜそんなことが言えるのかについて説明していこう。

私たちの宇宙では、地球や私たち人間を含め、身のまわりの物質は原子でできている。原子の中心には原子核があり、その周囲には「電子」が存在している。そして原子核は、「陽子」と「中性子」という2種類の粒子でできている。原子には、水素、炭素、鉄、ウランといった１００を超える種類があるが、あらゆる原子は、電子と陽子と中性子の3種類の粒子だけでできているわけだ（なお、原

＊（20頁）　宇宙論の分野では、「宇宙は大きなスケールで見れば一様であり、等方的（方向による違いがない）である」と基本的には考える。これを「宇宙原理」と呼ぶ。もう少しざっくりと言うと、「宇宙に特別な場所はなく、どこも同等である」ということだ。宇宙空間に果てがあると、宇宙原理に反してしまうことになる。

＊＊（21頁）　質量は「重さ」と似ているが、別の概念である。重さとは、物体に働く重力の大きさのことだ。同じ物体でも天体が変われば、重さは変わる。たとえば、月の重力は地球の約6分の1なので、地球で重さが60キログラム重の人が月に行くと、重さは約10キログラム重になる。一方、質量はその物体に固有の量なので、どこに行っても値は変わらない。質量とは、その物体の加速のしにくさを表す量だと言える。物体の重さは、物体の質量に比例するという性質がある。

＊　厳密に言うと、無限大は数ではないので、単純な足し算や引き算、かけ算や割り算の対象とすべきではなく、高校数学で習う「極限」という考え方を使って計算するのがより適切である。

子の種類（元素）は、陽子の個数で決まる）。

さて、以上のことを踏まえて考えると、「地球や私たち人間も含めて、身のまわりの物質の状態は、電子と陽子と中性子という3種類の粒子の状態（位置と速度）で決まっている」と言える。[*] 今この瞬間のあなたという人間の状態（姿形や健康状態、心のありようなど）も、究極的にはこれら三つの粒子がどこに配置され、どの方向にどのくらいの速さで動いているかで決まっているはずなのだ。

私たちの心が電子と陽子と中性子の状態だけで決まっているなんて、納得しがたいかもしれない。しかし心は、脳にある多数の神経細胞（ニューロン）の活動によって生じていると考えられており、これらの神経細胞の状態も結局のところ、電子と陽子と中性子の状態で決まっているはずだ。そのため、心もこれらの粒子の状態で究極的には説明できるはずだと考えられる。何ともドライな考え方であり、唯物論的、還元主義的な偏った見方だと思うかもしれないが、魂のようなものの存在を仮定しない現代科学における標準的な見方だと言えるだろう。

無限の宇宙には、あなたと見分けがつかない人間が無限に存在する

「身のまわりの物質の状態は、電子と陽子と中性子という3種類の粒子の状態（位置と速度）で決まっている」ということについて、さらに踏み込んで考えてみよう。ミクロな世界を記述する物理学の理論である「量子論」によると、粒子の位置を無限に細かく決めることはできない。粒子の位置は常にある程度ぼやけているのだ。これはミクロな世界が、デジタル画像のようなものだということを意味している。

縦に画素が三つ、横に画素が三つある、計9画素のデジタル画像を考えよう。それぞれの画素は白または黒しか表示できないとする。このデジタル画像は、2×2×2×2×2×2×2×2×2＝2^9＝512通りの画像を表すことができる。ここで重要なのは、画素がどんなに多くなっても、ありうる画像のパターンは有限の数にしかならないということだ。

「私たちが観測可能な領域」に存在する電子、陽子、中性子の配置パターンは膨大な数になるが、それでもデジタル画像の例と同様に有限の数になる。** デジタル画像での白の画素が「粒子が存在していない状態」、黒の画素が「粒子が存在している状態」に相当すると考えれば、その対応関係がイメージできるだろう。粒子は3種類あるので、計算はもっと複雑だが、配置パターンが有限の数になるという結論は変わらない。また、粒子の速度も位置と同じく、ミクロな世界ではぼやけてしまうので、取り得る状態のパターンはやはり有限の数になる。

以上を踏まえて考えると、「私たちが観測可能な領域」の今この瞬間の全粒子の状態が偶然実現する確率は非常に小さいが、取り得る状態のパターンが有限である以上、確率はゼロではない値になる。***

一方、もし宇宙が無限に大きければ、「私たちが観測可能な領域」と同じ体積をもつ空間は無限個存在する。すると、全粒子の状態が「私たちが観測可能な領域」と見分けがつかない同じサイズの空

＊　厳密に言うと、ミクロな世界を記述する物理学である量子論に基づいて、各粒子の状態（量子状態）を考えるのがより適切である。

＊＊　ただし量子論によると、各状態（粒子の配置パターンに相当）の「重ね合わせ」を考えることによって、さらに異なる状態を考えることもできる。量子論における重ね合わせについては第9章で詳しく解説する。

間も無限個あることになる。先に述べたように、どんなに小さな確率の現象でも、その確率がゼロでない限り、無限回繰り返せば必ず無限回起きるからだ。「私たちが観測可能な領域」と見分けがつかない領域には、地球と見分けがつかない惑星があり、あなたと見分けがつかない人間が住んでいることになる。しかも、そのような領域は宇宙に無限個存在するのだ。

さらにいえば、「私たちが観測可能な領域」と、わずかに異なる領域も無限にあることになる。そこには、ほんの少し地球とは大陸の形が異なる惑星があり、あなたとほんの少し身長が異なり、ちょっとだけ違う人生を歩んでいる人間もいることだろう。

マサチューセッツ工科大学教授の理論物理学者、マックス・テグマークが著書『数学的な宇宙』で示している計算結果によれば、「私たちが観測可能な領域」と見分けがつかない領域は、10の10^{118}乗メートル先にあるのだという。数学の累乗の表記がすっきりしているので、一見、そこまで大きな数に見えないかもしれないが、これは途方もなく大きい数である。10^{118}は、1の後に0が118個連なった数だ。この数がさらに10の累乗の指数（掛け算を繰り返す回数）になったものが、10の10^{118}乗である。もうあまりの大きさに笑うしかないだろう。

宇宙は有限？　無限？

ここまで読んできて、宇宙は有限か無限か、あなたはどちらだと思っただろうか？　曲がって閉じている有限の宇宙も、あなたと見分けがつかない人間が無数に存在する無限の宇宙も、どちらも常識的な感覚からすると、なかなか信じがたいことだろう。しかし、常識的な感覚にしばられていては、宇宙の真理には近づけない。

最後にここまでの話をひっくり返してしまうようなことを敢えて言ってしまおう。実は私たちの住む宇宙は、見方によって無限に見えたり、有限に見えたりする、という考え方もある。このことについては、第5章で詳しく解説することにしよう。

第2章の要点

・宇宙の体積は有限である可能性も、無限である可能性もある。
・空間は曲がりうる。
・宇宙は全体として、①球面のような曲がり方をしている（曲率が正）、②鞍のような曲がり方をしている（曲率が負）、③平ら（曲率がゼロ）――という三つの可能性がある。基本的には、①の場合は有限の宇宙、②と③の場合は無限の宇宙になる。
・天文観測によると、観測可能な領域はほぼ平らであることが分かっている。しかし、わずかに正または負の曲率をもっている可能性は残っている。
・宇宙の体積が無限だった場合、宇宙のどこかに地球と見分けがつかない惑星、あなたと見分けがつかない人間が存在することになる。

＊＊＊（31頁）宇宙には、電子、陽子、中性子以外にも、さまざまな粒子が存在しているので、厳密に言えば、それらまで含めて考える必要がある。

第3章 「無」からの宇宙創成

私が宇宙論に興味をもったきっかけの一つは、高校生の頃に『ホーキング、宇宙を語る』を読んだことだった。同書は全世界で1000万部を超えるベストセラーとなった宇宙論の一般向けの解説書である。

当時とても驚いたのは、物理学を使って「宇宙の始まり」についても研究がなされていることだった。「この世界の始まりなんて、宗教や哲学でしか扱えないだろう」。当時の私は漠然とそう考えていた。しかし宇宙論研究の最前線では、物理学を駆使して宇宙創成の謎に迫ろうとしていたのだ。そんな研究の中でも特に衝撃を受けたのが、本章で取り上げる「「無」からの宇宙創成論」である。この理論は宇宙創成の謎に迫る理論であるのと同時に、マルチバースの存在可能性に迫る理論でもある。

宇宙に「始まり」はあるのか

宇宙論の土台となっている一般相対性理論の生みの親、アルベルト・アインシュタインは、「宇宙に始まりはなく、永遠の過去から永遠の未来まで、宇宙は大きさを変えずに存在しているはずだ」と考えていた。宇宙は永遠不変で「静的」というわけだ。しかし１９２９年、衝撃的な事実が明らかになる。天文学者エドウィン・ハッブル（１８８９～１９５３）らの天文観測などによって、宇宙が膨張していることが明らかになったのだ。宇宙は永遠不変ではなく、「動的」な存在だったのである。

宇宙が膨張しているのなら、時間を遡るほど宇宙は小さかったことになりそうだ。そして宇宙の大きさは、最終的にはゼロにまで行きつくように思える。宇宙の大きさがゼロになってしまえば、それより小さくはなれない。つまり、宇宙の歴史はそれより過去に遡れないことになるので、その瞬間が「宇宙の始まり」だということになる。そのため、ハッブルの発見以後、徐々に「宇宙には始まりがあった」と考えられるようになっていく。

遠くの銀河までの距離や速度をどうやって測るのか

では、ハッブルは具体的にどうやって宇宙の膨張を発見したのだろうか？　まず望遠鏡を使って、たくさんの銀河について地球からの距離と速度が測られた。言うのは簡単だが、実は天体までの距離やその速度を測ることはそう簡単ではない。

天体までの距離については色々な推定方法がある。ハッブルが使った方法の一つは、銀河に含まれる「セファイド変光星（ケフェウス座デルタ型変光星）」という恒星の明るさを使う方法である。

夜空の星たちの見かけの明るさは「等級」で表される。６等が暗い夜空でぎりぎり肉眼で見える明るさで、数値が小さいほど明るい星ということになる。たとえば、２等星は見かけの明るさが１・５

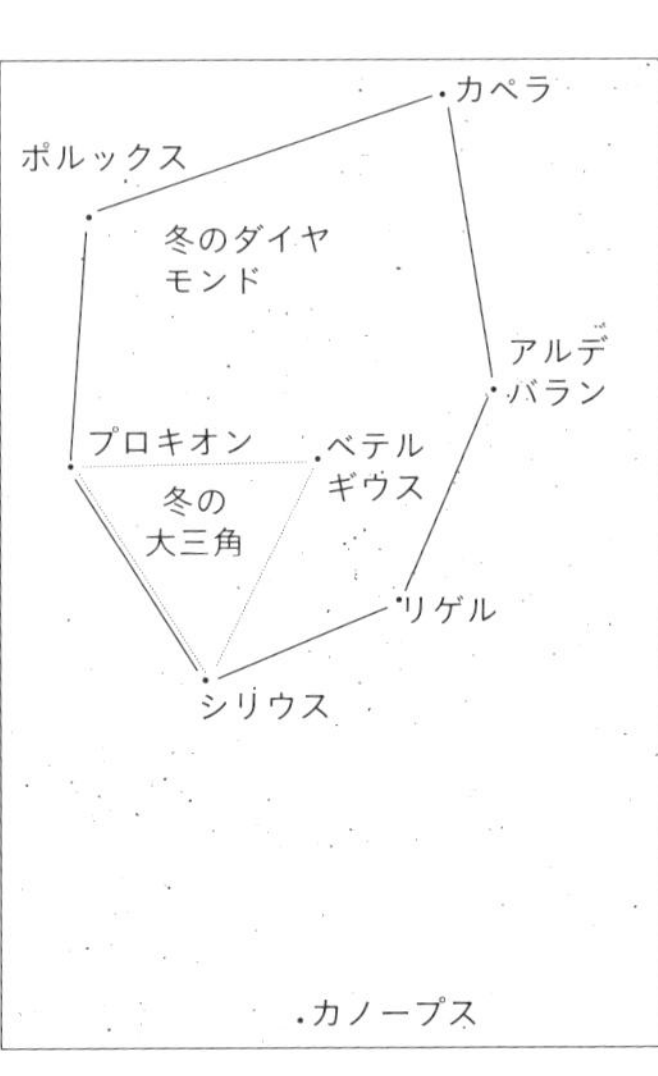

図3−1　冬の夜空

等より暗く、2・5等までの星のことを言う。1等の違いは約2・5倍の明るさの違いに、5等の違いは100倍の明るさの違いに相当する。

ただし、同じ等級の星でも、近くの一定の距離から見た場合の「本当の明るさ（絶対等級）」も同じかどうかは分からない。* 実際は比較的暗い星でも近くにあれば明るく見えるし、逆に実際は明るい星でも遠くにあれば暗く見えるからだ。

たとえば、冬の夜空に輝く、鼓のような形をしたオリオン座の恒星ベテルギウス（勇者オリオンの右肩に位置する）は、明るさが変動する変光星の一種で、その明るさは0等〜1・3等の範囲で変化する（**図3−1**）。同じく冬の星座、おおいぬ座のシリウス（犬の鼻先に位置する）は全天で一番明るい恒星で（ただし太陽は除く）、マイナス1・5等にもなる。ベテルギウスの地球からの距離は約550光年もあるが、シリウスの地球からの距離はわずか8・6光年である（といっても約80兆キロメートルもあるのだが）。シリウスは比較的地球から近いため、ベテルギウスより明るく見えているが、本当の明るさで比較するとベテルギウスの方が1000倍程度も明るいのだ。**

距離に応じた星の見かけの明るさの減衰の仕方には法則性がある。天体から放たれた光は遠くに進むほど広がっていき、薄まっていく。そのため天体の見かけの明るさは、距離の2乗に反比例して暗くなっていく。つまり同じ明るさの天体でも、距離が2倍になれば見かけの明るさは4分の1になり、距離が3倍になれば見かけの明るさは9分の1になるのだ。ということは、その天体の本当の明るさが分かっていれば、見かけの明るさから距離を推定できることになる。問題は、天体の本当の明るさをどうやって知るかということだ。

ハッブルが距離の推定に使ったセファイド変光星は、1〜200日ほどの周期で膨張と収縮を繰り返し、それに伴って明るさを変化させる恒星である。明るさが変化する周期と本当の明るさの平均値には一定の関係がある（周期が長いほど明るい）ことが過去の観測から分かっているので、明るさが変化する周期を測れば本当の明るさが推定できる。こうしてハッブルは、銀河に含まれるセファイド変光星などを使って、その見かけの明るさから銀河までの距離を推定した。

一方、銀河の速度は「赤方偏移」という現象を利用して推定された。赤方偏移とは、天体が放った光の波長が伸びる（赤みを帯びる）現象である。目に見える可視光線では、赤色がもっとも波長が長いので、「赤」方偏移と呼ばれるわけだ。なお、天体が放った光の波長が縮む場合は「青方偏移」と呼ばれる（ただし、可視光線で一番波長が短いのは紫色である）。

＊　絶対等級は、「その天体から約32・6光年離れた場所から見たときの明るさ」と定義されている。約32・6光年と聞くと中途半端な値に思えるが、ちょうど10パーセクという距離に当たる。パーセクは天文学でよく使われる距離の単位で、1パーセクは約3・26光年である。

＊＊　シリウスは肉眼では一つの星に見えるが、実際は明るいシリウスAと暗いシリウスBが互いの周囲をまわり合う連星である。本文でベテルギウスと明るさを比較したのはシリウスAである。

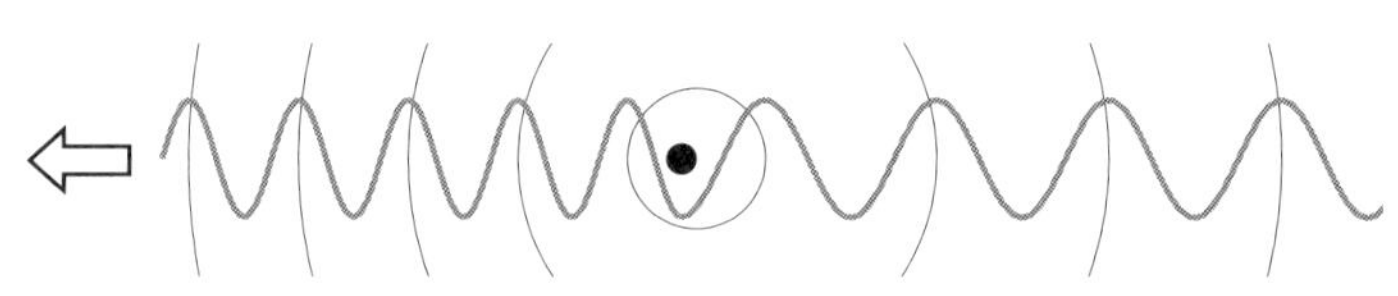

図3－2　ドップラー効果。丸い点が波の発生源で左に進んでいる。進行方向では波長が縮み、その反対側では波長が伸びる。

赤方偏移や青方偏移とよく似た現象は日常生活でもしばしば経験する。救急車などのサイレンの「ドップラー効果」だ（**図3－2**）。救急車のサイレンが途中から低く聞こえる、あの現象である。救急車が近づいている間は音の波長が縮み（振動数が高くなり）、高く聞こえる。逆に救急車が遠ざかっている間は、音の波長が伸び（振動数が低くなり）、低く聞こえるのである。このように音源（もしくは光などの波の発生源）や観測者の運動速度に応じて、音などの波の波長が変化する現象をドップラー効果と呼ぶ。

この効果を利用して、逆に波長の変化量から波の発生源の速度を求めることもできる。銀河の観測の場合は、銀河の発する光の波長を詳しく分析することで、もともとの光からどれだけ波長が伸びたのか（または縮んだのか）が分かり、そこから銀河が遠ざかる速度（または近づいている速度）が分かるわけだ。ただしこの方法では、銀河と地球を結んだ方向（視線方向）の速度、つまり手前向き、もしくは奥向きの速度の成分しか分からない。*

遠い距離にある銀河ほど、速く遠ざかっている

さて、以上のような方法でさまざまな銀河までの距離と速度を測ってみたところ、「遠い距離にある銀河ほど、私たちがいる天の川銀河から速く遠ざかっている」ということが判明した。天の川銀河からの距離が2倍になると銀河の遠ざか

る速度も約2倍に、距離が3倍になると遠ざかる速度も約3倍になっていたのだ。つまり、「銀河が遠ざかる速度は、銀河までの距離に比例する」ということになる。この法則性は「ハッブル－ルメートルの法則」と呼ばれている（詳しくは章末のコラム参照）。

これは一見すると、あたかも地球を含む天の川銀河が宇宙の中心にあり、すべての銀河が天の川銀河を中心にして飛び去りつつあることを意味しているようにも思える。しかし第1章でも紹介したように、天の川銀河が宇宙の中心、つまり宇宙で特別な場所にあるとは考えられない。そのような宇宙の見方はある意味、地球を宇宙の中心だと考えた天動説の時代に逆戻りするものだ。

では、どのように考えればよいのだろうか？　科学者たちは、「他の銀河も天の川銀河と同等であるはずなのだから、他の銀河から見ても同じ法則が成り立つはずだ」と考えた。つまり、天の川銀河から見て「遠い距離にある銀河ほど速く遠ざかっている」のなら、別の銀河から見ても、同じように「遠い距離にある銀河ほど速く遠ざかっている」ということになる。そんなことは不可能に思えるかもしれないが、「宇宙空間は膨張している」と考えると、このことをうまく説明できる。

図3－3を見てほしい。上側の宇宙と下側の宇宙を比較すると、宇宙は1・5倍に膨張している（なお、横方向の膨張のみ描いている）。図では銀河Cがあたかも宇宙の中心にあるかのように描いて

＊　天球（星々が貼りついているように見える仮想的な球面）の左右方向または上下方向（視線方向と直交する方向）の速度の成分は、天体を別の日に観測して、実際に天球上をどのくらい動いたかで推定することができる。ただし、その動きは一般に微々たるものなので、遠くの天体の動きを検出することは容易ではない。

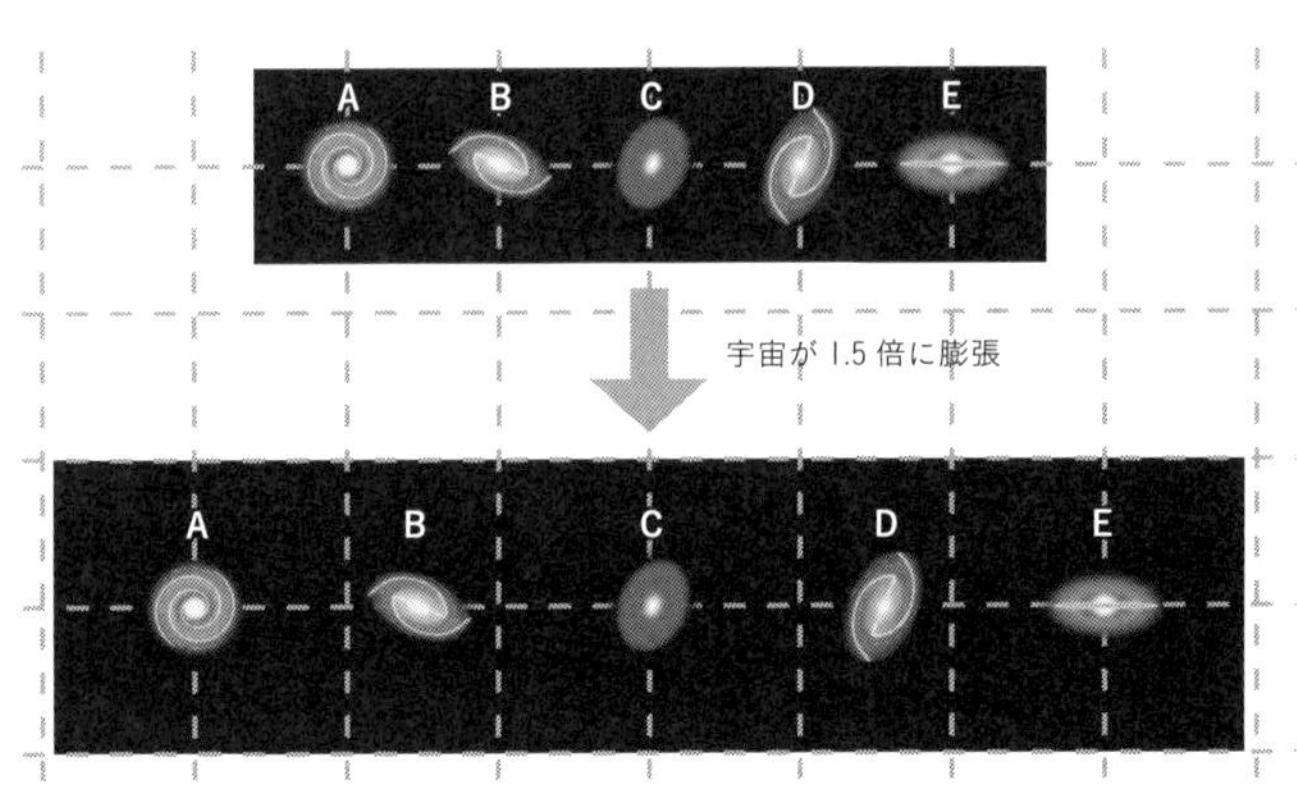

図3－3　宇宙の膨張。どの銀河から見ても「遠い距離にある銀河ほど、速く遠ざかっている」という「ハッブル－ルメートルの法則」が成り立っている。

あるが、これは図の都合上、そう見えているにすぎない。実際の宇宙は、左側にも右側にも（上下や手前・奥方向にも）続いており、銀河Cが宇宙の中心にあるというわけではない。

銀河Aから見ると、銀河Bは元の距離と比較して0・5マス分遠ざかっており、銀河Cは1マス分、銀河Dは1・5マス分、銀河Eは2マス分遠ざかっている。つまり銀河Aから見ると、遠い距離にある銀河ほど、速く遠ざかっていることになる。

今度は銀河Cから見てみよう。銀河Cから見ると、銀河Bと銀河Dは元の距離と比較して0・5マス分遠ざかっており、銀河Aと銀河Eは1マス分遠ざかっている。つまり、銀河Cから見ても、遠い距離にある銀河ほど、速く遠ざかっていることになる。他の銀河についても試してみてほしい。どの銀河から見ても、遠い距離にある銀河ほど、速く遠ざかっているはずだ。

こうして、ハッブルが発見した「遠い距離にある銀河ほど、速く遠ざかっている」という観測事実は、宇宙が膨張していることを意味していると考えられるようになったのである。*

宇宙の始まりを突き詰めて考える

この章の冒頭でも述べた通り、現在の宇宙が膨張しているのなら、時間を遡るほど宇宙は小さかったことになり、最終的には小さな点（体積ゼロ）にまで縮んでしまうことになりそうだ。これが、非常に単純に考えた場合の「宇宙誕生の瞬間」である。

ただし、この考え方は厳密に言えば正しくない。第2章の内容を踏まえると、もし宇宙が無限だったら、つまり宇宙の体積が無限大だったら、無限大（∞）を何分の1に縮めようが無限大のままなので、「宇宙全体」は小さくならず、体積は無限大のままだからだ。

とはいえ、宇宙全体の体積が無限大の場合でも、「現在観測可能な領域（半径138億光年の球内）」については「時間を遡るほど小さかった」と言える。つまり、「時間を遡るほど宇宙は小さかった」と言う場合の「宇宙」とは、「現在観測可能な領域」のことを指していると考えればよい。

話を宇宙誕生の頃に戻そう。現在観測可能な領域には2000億〜2兆個もの銀河が存在するが、

---

* 歴史的経緯も踏まえて、銀河の赤方偏移（光の波長が伸びること）をドップラー効果に基づいて説明したが、厳密に言えば、宇宙膨張による赤方偏移とドップラー効果は異なる現象である。ドップラー効果では、波が発せられた際の波の発生源の速度に応じて、観測される波長の伸び縮みが起きる。一方、宇宙膨張による赤方偏移では、光が進んだ間に空間が膨張した量に応じて、波長が伸びる。実際の天文観測では、これらの効果が合わさって観測されることになる。

宇宙誕生の頃には、この膨大な数の銀河を形作っている物質がすべて小さな空間にぎゅうぎゅうに押し込められていたことになる。

物理学者ジョージ・ガモフ（１９０４〜１９６８）は、この頃の宇宙は超高密度、超高温の火の玉のような状態だったと考えた。そして宇宙の歴史は、この火の玉の爆発的な膨張によって始まったと主張した。このような宇宙の始まりが、いわゆる「ビッグバン（Big Bang）」である。

さて、前述したように単純に考えると、宇宙誕生の瞬間は、宇宙（現在観測可能な領域）の体積がゼロだったことになる。このときの密度を考えてみよう。密度は、物質の質量を体積で割ることで求められる。このときの全物質の質量をｘとすると、体積はゼロなので、密度はｘ÷０＝∞（無限大）ということになる。[*] このような密度が無限大の点は「特異点」と呼ばれる。

宇宙誕生の瞬間が特異点になってしまうのは、物理学者たちにとっては大問題だった。なぜなら、特異点を前にすると、物理学の理論は完全に予測能力を失ってしまうからだ。つまり、そこで何が起きるのかがまったく分からなくなってしまうのだ。これは第2章で紹介した「無限大にどんな数を足したり引いたりしても無限大のままで、どんな正の数を掛けたり、どんな正の数で割ったりしても、無限大のまま」という性質による。あらゆる計算が意味をなさなくなってしまうのだ。これは物理学の敗北であり、「宇宙はどのようにして誕生したのか」についての科学的な説明が不可能になることを意味する。それこそ宇宙誕生の瞬間を説明するためには、超自然的な神のような存在を持ち出さないといけないことになってしまうのだ。私たちは知性の限界にぶち当たってしまったのだろうか。

「無」から無数の宇宙が生まれた!?

しかし物理学者たちは諦めなかった。「宇宙誕生の瞬間も物理学で解き明かすことができるはずだ」という信念のもと、宇宙が特異点につぶれてしまうことを巧妙に避けて、宇宙誕生の謎を解き明かそうとする研究者が現れたのだ。その一人が物理学者アレキサンダー・ビレンキンである。[**]

ビレンキンは1982年、*Physics Letters B* という物理学誌で、「「無」からの宇宙創成論」を発表した。論文のタイトルは「Creation of universes from nothing」である。ここで注目してほしいのは、論文タイトルの「universes」だ。universe は宇宙のことだが、それが複数形になっている。つまり、論文タイトルを直訳すると、「「無」からの宇宙たちの創造」といった意味になる。「無」から、今で言うマルチバース（無数の宇宙）が生まれたと主張しているのだ。

これだけ聞いても何のことやら分からないだろう。まずはビレンキンのいう「無」、論文タイトルの「nothing」が何を意味するのかから見ていこう。

＊　厳密に言えば、ゼロの割り算は数学では禁じられているので、高校数学で習う「極限」という数学的操作（この場合、割る数を限りなくゼロに近づけていく操作）を使って考えるのがより適切である。

＊＊　ビレンキンとは別のアプローチで特異点を避け、宇宙誕生の謎を解明しようとした人物にスティーヴン・ホーキング（1942〜2018）がいる。ここでは詳しい説明は省略するが、ホーキングらの宇宙創成論は「無境界仮説」と呼ばれている。ホーキングは筋萎縮性側索硬化症（ALS）のため、体を自由に動かすことがほとんどできず、「車いすの天才物理学者」としても有名だった。また、世界的ベストセラー『ホーキング、宇宙を語る』の著者としても知られる。

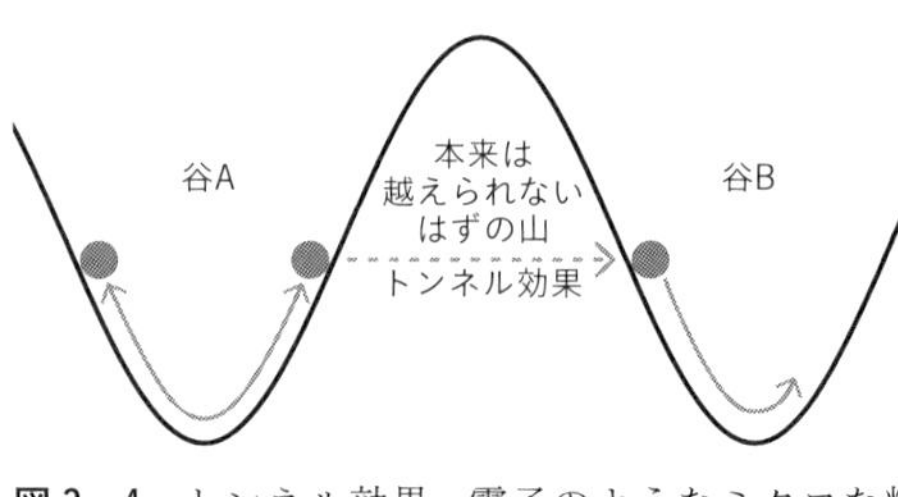

図3－4　トンネル効果。電子のようなミクロな粒子は本来越えられないはずの山をすり抜けることがある。これが「トンネル効果」である。

有限の宇宙を考えよう。第2章で紹介した、まっすぐに引いた直線が元の場所に戻ってくるような、曲がって閉じた宇宙だ。宇宙の中には、無数の銀河などの物質がある。また、たくさんの光が宇宙の中を飛び交っている。これらをすべて取り除くと、空っぽの空間だけが残る。この空っぽの宇宙の体積を限りなくゼロに近づけていったもの、それがビレンキンが考えた「無」だ。なかなかイメージしづらい概念だが、とりあえず先に進もう。

次に、ビレンキンが「無」から宇宙を生むのに使った「トンネル効果」について説明しよう。**図3－4**のような谷Aと谷Bを考える。二つの谷は、山によって隔てられており、谷Aにあるボールは谷Bに移動することはできない。

しかし原子のサイズ程度より小さなミクロな世界では、この常識が覆される。谷Aにあった電子のようなミクロな粒子は山をすり抜けて、いつの間にか谷Bに移動するといった現象が起きるのだ。これがトンネル効果である。トンネル効果は、「量子論」によって説明される不思議な現象だ。トンネル効果は、本来は起きないはずの「二つの状態の移り変わり」を引き起こす現象だと言うこともできる（**図3－4**で言うと、谷Aに電子がいる状態から、谷Bに電子がいる状態への移り変わり）。

ビレンキンは、「無」の状態が、「原子核より小さいものの、有限の大きさをもつ空間」という状態に、トンネル効果によって突然移り変われることを理論的に示した。そしてビレンキンは「原子核より小さいものの、有限の大きさをもつ空間」がすぐにインフレーション（急激な空間の膨張）を起こし、広大な宇宙へと成長したと考えたのである。

「無」は体積がゼロだが、質量もゼロなので、密度無限大の特異点ではない。無から生まれた「有限の大きさをもつ空間」も、体積がゼロではないので特異点ではない。ビレンキンはこのようにして特異点を巧みに避けて、宇宙誕生の瞬間を説明したのである。

ビレンキンは著書『多世界宇宙の探検』の中で、以下のように論じている。「無」から生じた小さな宇宙の多くは、すぐに縮んでふたたび「無」に帰した。そして「無」から生じた小さな宇宙のうち、ある程度大きいサイズで生まれ、条件を満たしたものだけが、インフレーションを起こし、広大な宇宙へと成長した。そして広大な宇宙へと成長したのは、私たちの宇宙だけではない。つまり「無」からは無数の並行宇宙が誕生したことになる。何とも不思議な理論だが、ビレンキンは以上のシナリオを既存の物理学理論を使って構築したのである。

なお、「無」から誕生した無数の宇宙はお互いに完全に独立しており、空間的なつながりはないという。つまり、私たちが「別の宇宙」に行くことはできないし、別の宇宙の存在を確かめるすべはないようだ。

「無」は、完全な無ではない？

ビレンキンは「無」がトンネル効果を起こしたと考えた。トンネル効果は、量子論に基づいた現象であり、量子論は原子核や電子といった実在する粒子に対して適用される理論である。その量子論やトンネル効果が「無」にも適用できるのだろうか?

ビレンキンはこのことについて、『多世界宇宙の探検』の中で以下のように述べている。「ここでいう「無」の状態と、「絶対的な何もないこと」とを同一視することはできません。トンネル効果は量子力学の法則によって説明されるので、ここでいう「無」は、量子力学の法則に従っているのです。たとえ、宇宙がなくても、物理学の法則は存在したにちがいありません」。

つまりビレンキンの言う「無(nothing)」は、完全な無というよりは、物理学の法則が適用できる何らかの状態だということになりそうだ(実はここまで、しつこいくらいに「無」とカギ括弧付きで表現してきたのは、そういったニュアンスを含めるためである)。なお、引用文中に登場する「量子力学」とは、量子論に含まれるもっとも基礎的な理論である。量子力学を含み、量子力学を基礎として構築されたさまざまな理論の総称が「量子論」である。

実は、ビレンキンのいう「無」は、空間がないどころか、時間さえもない状態だとされる。一般相対性理論によると、空間と時間は一体のものだと考えられており、まとめて「時空」と呼ばれている。空間がなければ時間もないのだ。つまり、「無」からの宇宙創成には、時間的な「前」がない。「無」からの宇宙創成の際に時間も生まれたということになる。

この辺りの話は科学と哲学の境界にあり、「時間とは何か?」という問いは、現代物理学の中でも最大級の謎の一つだ。本書では、こういった頭がくらくらしそうな話がこの後も度々出てくることになる。観測事実と物理学の理論をもとに、素朴な疑問について突き詰めて考えていくと、とんでもない世界像に到達することがしばしばあるのだ。これらをむしろ楽しむくらいの気持ちで読み進めていただけると幸いである。

以上のような宇宙創成論は、それまで宗教の言葉でしか語られることがなかった「この世界の始まり」について、物理学の言葉によって説明を試みたという点で、非常に画期的なものだったと言える。しかし、ここで注意したいのは、ビレンキンの「無」からの宇宙創成論はまだ仮説の段階だということである。*

ビレンキンは宇宙論の土台となっている「一般相対性理論」と、トンネル効果などを記述する「量子論」をある意味つぎはぎするような形で、「無」からの宇宙創成論を組み立てた。しかし、これは暫定的なやり方であり、最終的には一般相対性理論と量子論を融合させた〝究極の理論〟（「量子重力理論」と呼ばれる）を使って、本当に「無」から宇宙が誕生しうるかを検証する必要がある。しかし、一般相対性理論と量子論を融合しようとする試みは理論物理学者たちによって何十年にもわたって試みられているが、いまだ実現していない。

なお、その究極の理論の有力候補が、「超ひも理論（超弦理論）」という有名な理論である。超ひも理論とは、電子などの素粒子（それ以上分割できない粒子）を長さをもつ「ひも（弦）」だと考える理

＊　宇宙に始まりがあったかどうかも、最終的な結論が出ているわけではない。宇宙は永遠の過去から誕生と死を繰り返しているとする説もある。この場合の宇宙の死とは、空間が小さな点にまで潰れてしまうこと（ビッグクランチ）を指す。そのほかにもさまざまな説がある。

論だ。超ひも理論の発展によって、近年、マルチバース宇宙論は新たな展開を見せているのだが、それについてはおいおい紹介していくことにしよう。

第３章の要点

・現在の宇宙は膨張していることが天文観測によって分かっている。
・ビレンキンは、物質も光も存在せず、空間や時間さえも存在しない「無」から無数の宇宙が誕生したとする、「無」からの宇宙創成論を唱えた。
・「無」からの宇宙創成論はあくまで仮説段階のものであり、この仮説が正しいかどうかは、量子論と一般相対性理論を融合させた「量子重力理論」を使って検証する必要がある。しかし量子重力理論は未完成である。

宇宙膨張の第一発見者はハッブル？　ルメートル？

本文で紹介した「銀河が遠ざかる速度は、銀河までの距離に比例する」という法則は、以前は「ハッブルの法則」と呼ばれていた。宇宙論について書かれた本であれば、ほぼ間違いなく登場する法則なので、この名称で覚えていたという人もいるだろう。

しかし2018年、国際天文学連合（IAU）は、カトリックの司祭であり、物理学者でもあるジョルジュ・ルメートル（1894〜1966）の功績を称え、この法則を「ハッブル‐ルメートルの法則」と呼ぶことを推奨する決議を行った。日本でもその後、基本的にはこの名称が使われるようになってきている。実はこの背景には、宇宙膨張の第一発見者を巡る興味深い物語がある。

ハッブルがこの法則を示した論文は1929年に出版されたのだが、実はルメートルはそれに先立つ1927年に、一般相対性理論や当時発表されていた天文観測データをもとにこの法則に到達していたのだ。しかし、そのことについて記述した論文はベルギーの『ブリュッセル科学協会紀要』というあまり知られていない雑誌で発表され、しかもフランス語で書かれていたため、広く認知されなかった。

その後、1931年にルメートルの論文の英訳版がイギリスの『王立天文学会誌』で発表されたのだが、そこには不可解なところがあった。ハッブル‐ルメートルの法則について説明し、ハッブル定数の値を求めた部分と、この法則が宇宙膨張に原因があることなどについて記述した脚注が削

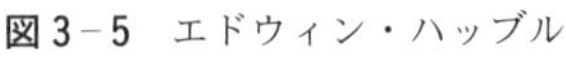

図3－5　エドウィン・ハッブル

図3－6　ジョルジュ・ルメートル

除されていたのだ（ハッブル－ルメートルの法則は、銀河が遠ざかる速度をv、銀河までの距離をrとすると、「$v=H_0r$」と表される。この式の比例定数に当たるH_0がハッブル定数である）。

この謎を巡って、「功績を独り占めしたかったハッブルが圧力をかけたのではないか」などの説があったのだが、２０１１年に宇宙物理学者マリオ・リヴィオが学術誌 *nature* で発表した記事によって意外な事実が明らかになる。ルメートルと王立天文学会誌の編集部との間でやり取りされた文章が発見され、それらによると何らかの圧力があったわけではなく、ルメートルが自らの意志で当該部分を削除したというのだ。

リヴィオはその記事で以下のように述べている。「ルメートルは自らの発見の優先権を確立することにまったく固執しなかった。（中略）ルメートルは自身の過去の暫定的な発見を１９３１年に繰り返すことを無意味だとみなしたのだ」。リヴィオの考察通りなら、ルメートルは実に無欲な人ということになりそうだが、いずれにせよ歴史の解釈とは難しいものである。

科学的な発見に関するエピソードはしばしば単純化され、たった一人の科学者によってすべて成し遂げられたかのように語られることがある。しかし、多くの場合、その発見に至るまでには数多くの研究者たちの成果があり、発見はそれらの成果の上に付け足される形で成される。そして同時期に同じような発見に到達した人がいることも多い。ハッブル＝ルメートルの法則を巡る物語は、そんなことを思い起こさせてくれるものだと言えるだろう。

第4章　宇宙を超巨大化させた「インフレーション」

「インフレーション」という言葉を聞くと、多くの人は経済における「物価の継続的な上昇」のことを思い浮かべるだろう。しかし、私は経済に興味をもつ前の高校時代に宇宙論に興味をもったので、インフレーションというと今でも「宇宙創成時の空間の急激な膨張」がまず頭に浮かぶ。

宇宙論におけるインフレーションという言葉は、インフレーション理論の創始者の一人であるアラン・グースによって命名された。今ではインフレーションは、「ビッグバン」ほどではないものの、宇宙論の代名詞の一つと言えるものになっている。グースと並んで同理論の創始者の一人として名前が挙げられる佐藤勝彦は、著書『壺の中の宇宙』の中で、グースの話をした後に「欧米人のネーミングのうまさを、われわれ日本人も見習わなければならない」と述べている。確かにインフレーションというネーミングは、この理論の普及に一役買ったと言えるだろう。

インフレーションとは、数学的に言うと「指数関数的な空間の膨張」のことである。つまり、ある時間で空間の長さが10倍に膨張した場合、同じ時間が経つとさらに10倍（元の100倍）になり、その後も同じ時間で10倍になる、ということを繰り返していくような膨張だ。この「ある時間」がとんでもなく短いのがインフレーションの特徴である。インフレーションはマルチバース宇宙論の要となる考え方なので、この後しばらく、インフレーション理論について詳しく解説していくことにしよう。

ビッグバン宇宙論が抱えていた難題

インフレーション理論は1980年頃、佐藤勝彦、アラン・グース、アレクセイ・スタロビンスキーら複数の研究者が同時期に独立に提唱した理論である。その背景には、宇宙は高温・高密度の火玉状態から始まったとする「ビッグバン宇宙論」が、いくつかの解決困難な問題を抱えていたという事情があった。そういった中で、それらの問題を一挙に解決する理論としてインフレーション理論が登場し、一躍注目を集めるようになったのだ。

ビッグバン宇宙論が抱えていた問題の一つに、「地平線問題」と呼ばれるものがある。簡単に言うと、「誕生直後の宇宙（観測可能な領域）は、どこでも温度がほぼ同じだったことが分かっているが、それは非常に不自然である」という問題だ。

なぜこれが不自然であり、大問題だと考えられたのだろうか。まずは、「どこでも温度がほぼ同じ」ということについて考えてみよう。たとえば、あなたが今いる部屋も、窓、床、天井の近くでは、それぞれ温度が違うはずだ。しかし、誕生直後の宇宙の温度は極めて均一で、場所によって10万分の1程度の差しかなかったことが天文観測によって分かっている。

「誕生直後の宇宙の温度がなぜ分かるんだろう？」と思ったかもしれない。これには第1章でも紹

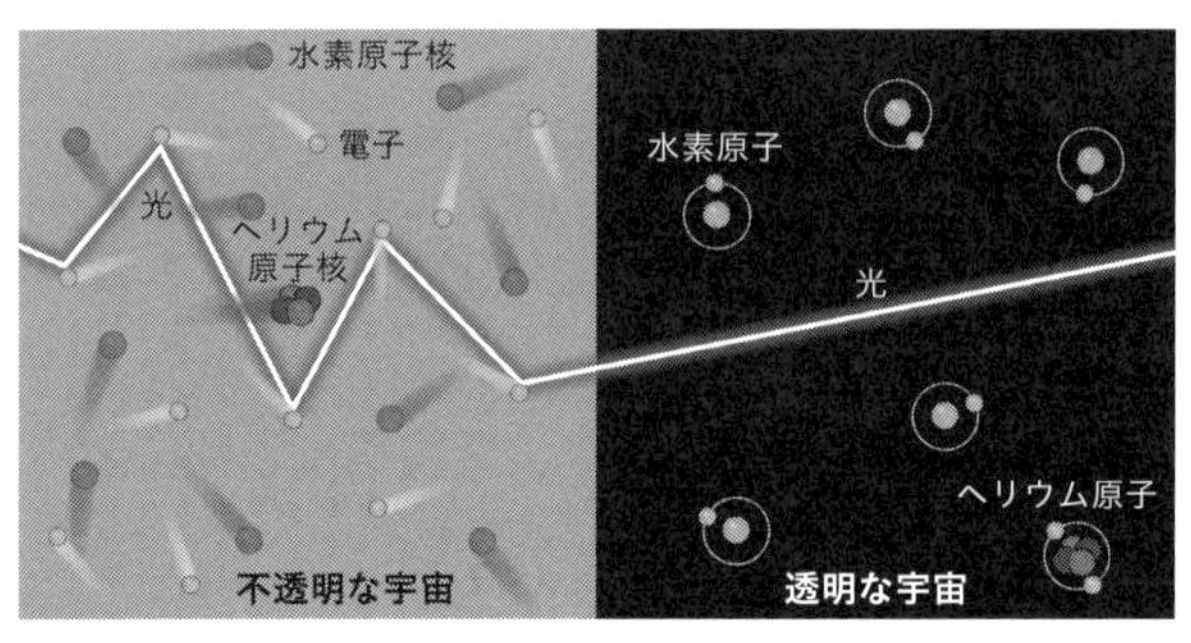

図4－1　左はプラズマ状態の不透明な宇宙。光は自由に飛び交う電子に邪魔されてまっすぐに進めない。右は原子が形成されて、透明になった宇宙。光は電子に邪魔されず、まっすぐに進めるようになる（宇宙の晴れ上がり）。

介した「遠くを観測することは、過去を観測することと同じ」ということを利用すればよい。

誕生直後の宇宙は、高温、高密度のガスが満ちた状態だった。高温の炎は明るく輝くが、火の玉状態の宇宙でも、空間を満たしていたガスが同じように明るく輝いていた。

初期の宇宙はあまりにも高温だったため、原子はその形を保つことができず、電子と原子核がばらばらの「プラズマ」の状態になっていた（**図4－1**）。プラズマ状態の宇宙では、電子や原子核が空間を自由に飛び交っており、これらの電子が光の進路を邪魔していた。光は電子と頻繁にぶつかってしまうので、まっすぐに進めなかったのだ。霧の中では、霧を作っている微小な水滴が光の進路を邪魔するため遠くを見通せないが、プラズマ状態の宇宙もそれと同じで遠くを見通せない不透明な世界だったのである。

宇宙が膨張を続け、宇宙の年齢が37万歳頃になると、宇宙の温度は３０００℃ほどにまで低下した。すると、空間を自由に飛び交っていた電子は原子核に捕えられるようになり、原子が形成された。その結果、光は電子に邪魔されることなく、まっすぐに進めるようになった。宇宙が透明になったのだ。これを「宇宙の晴れ上がり」と呼ぶ。

この宇宙の晴れ上がりによってまっすぐに進めるようになった光を見るには、１３８億光年先の宇宙を観測すればよい。実際、この光は１３８億年もの歳月をかけて宇宙を旅し、現在の地球にやってきている。これらの光は、宇宙のあらゆる方向から届いており、「宇宙背景放射」と呼ばれている。宇宙背景放射は１３８億光年先、つまり１３８億年前の火の玉状態の宇宙からやってきた光なのだ（**口絵I**）。そのため、宇宙背景放射は「ビッグバンの残光」と呼ばれることもある。

宇宙の晴れ上がりより前の宇宙は不透明なので、光（電磁波）で観測することはできない。つまり37万歳の宇宙が光で観測できる限界だということになる。なお、第1章で紹介した「観測可能な宇宙の果て」とは、宇宙背景放射で観測できる37万歳の宇宙のことだと言える。*

37万歳の宇宙は３０００℃もの高温だったので、目に見える光（可視光線）でも明るく輝いていた。しかし、光が地球に届くまでの１３８億年の間に宇宙空間が膨張したため、光の波長（波の山と山の間の長さ）も大きく引き伸ばされ、現在はマイクロ波と呼ばれる電波になって観測されている。** そのため宇宙背景放射は、「宇宙マイクロ波背景放射」とも呼ばれている。

なお、昔のアナログ放送時代のブラウン管のテレビでは、放送をやっていないチャンネルに合わせ

＊　原理的には、光以外のニュートリノや重力波なら、もう少し過去の若い宇宙（遠くの宇宙）まで観測可能になる。ニュートリノとは、電子よりも圧倒的に軽い、電気的に中性の素粒子だ。重力波とは、空間のゆがみが周囲に広がっていく波である。しかし誕生直後の宇宙からやってくるニュートリノや重力波の観測は極めて難しく、直接検出はできていない。

図4－2　昔のテレビの砂嵐

ると、ザーッという音とともに砂嵐のようなものが映ったものだった（**図4－2**）。実はこのノイズの約1％は宇宙背景放射をアンテナが拾ったものだ。あのテレビの砂嵐には、138億年前のビッグバンからの信号が混ざっていたのである。

難題1　ビッグバンの頃の宇宙が極めて均一なのは不自然

宇宙背景放射は天文観測衛星であるCOBE（コービー）（1989年打ち上げ）、WMAP（ダブリューマップ）（2001年打ち上げ）、Planck（プランク）（2009年打ち上げ）によっても非常に詳しく観測が行われてきた。そして宇宙背景放射を詳しく分析することで、宇宙の晴れ上がりの頃の宇宙の温度が詳細に調べられた。*

その結果、晴れ上がりの頃の宇宙の温度はあらゆる場所でほぼ均一で、温度が高いところと低いところで10万分の1ほどの差しかないことが分かった（**口絵3〜5**）。これは部屋の温度（20℃程度）でいうと、温度の高いところと低いところで0・003℃ほどしか差がないことに相当する。** 部屋の中をここまで均一にするのが極めて困難であることは容易に想像がつくだろう。宇宙の温度も同じだ。宇宙の温度を均一にする、何らかの仕組みがあったはずなのだ。

しかしここには解決不可能に思える問題が隠れている。**口絵1**の「観測可能な宇宙の模式図」をもう一度見てほしい。図の左端から来た宇宙背景放射は138億年、つまり宇宙の全歴史をかけてようやく図の中心にある太陽系までたどり着いた光である。一方、図の右端からも、同じように138億年かけて宇宙背景放射が太陽系までたどり着いた。つまり、図の左端から放たれた光は、図の右端にはまだ届いていないし、その逆もまた然りである。

光の速度は宇宙の最高速度なのだから、図の左端と右端は宇宙誕生から現在に至るまで、光の行き来はおろか物質の交流もないということになる。しかし宇宙背景放射の観測結果によると、図の左端も右端もなぜか温度がほとんど同じなのである。温度が均一になるためには熱が伝わる必要があるが、熱も光速以下の速度でしか伝わらない。つまり、図の左端と右端の温度がほとんど同じになることは

＊＊(55頁)　光は「電磁波」とも呼ばれる。電磁波は波長の長い方から電波、赤外線、可視光線、紫外線、X線、γ線（ガンマ線）に分類される。それぞれはさらに細かく分類されることもあり、マイクロ波は電波を細かく分類したものの一つである。マイクロ波は携帯電話などの通信や、電子レンジでの加熱などに使われている。

＊　横軸を光の波長、縦軸を光の強度としてグラフにしたものは「スペクトル」と呼ばれる。このスペクトルのグラフの形状から、光の発生源の温度を推定することができる。宇宙背景放射のスペクトルは、黒体放射（あらゆる波長の電磁波を完全に吸収できる仮想的な物体による熱放射）のスペクトルと極めてよく一致することが知られており、そこから温度が分かるのである。

＊＊　「部屋の温度が20℃だとすると、その10万分の1は0・0002℃ではないか？」と思った人もいるかもしれない。摂氏温度（℃）とは、人類にとって身近な水という物質が凍る温度を0℃とした、ある意味で人為的な単位であり、これを10万で割っても意味がない。ここでは、温度の下限を0K（ケルビン）とした「絶対温度」で考えている。温度の下限とは、理論上、分子の運動が止まってしまう温度のことだ（ただし絶対零度でも量子揺らぎは残る）。絶対温度は気体中の分子がもつ平均の運動エネルギーに比例する。一方、摂氏温度は比例しない。

絶対温度は摂氏温度に273・15を足したものなので、室温は絶対温度300K程度に相当する（20℃なら293・15K）。これを10万で割ると、本文中で登場した温度のばらつきの幅、0・003℃（＝0・003K）になる。

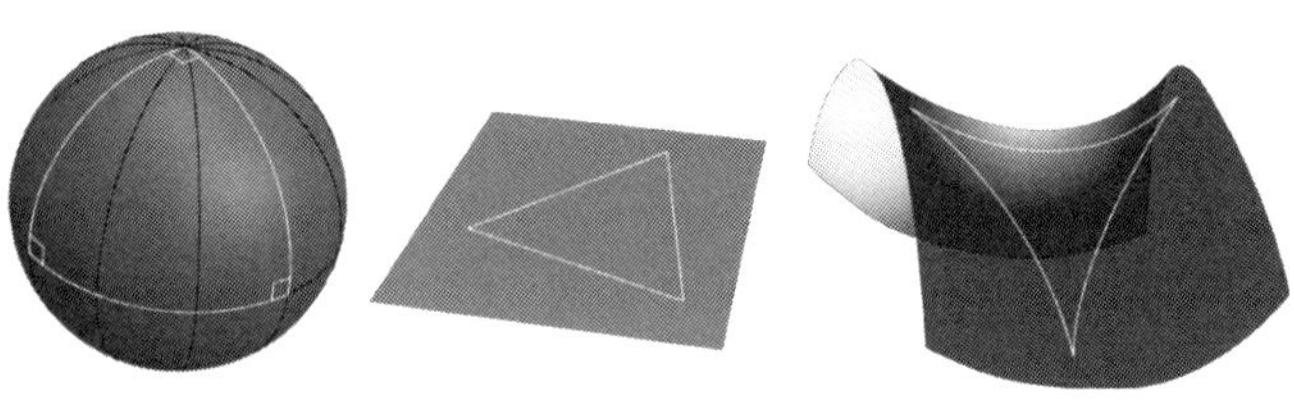
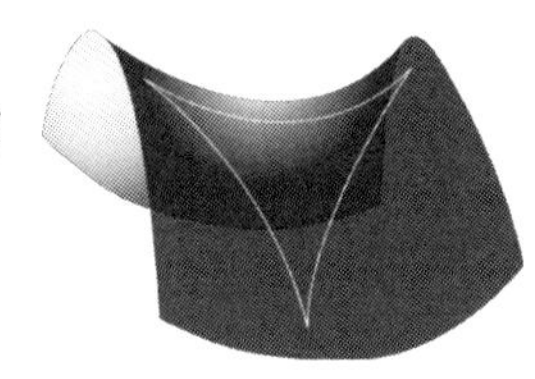

図4−3　左は曲率が正、中央は曲率がゼロ、右は曲率が負の面である

本来ありえないはずなのだ。これが、ビッグバン宇宙論が抱えていた解決困難な問題の一つ「地平線問題」である。*

難題2　宇宙が「平ら」なのは不自然

ビッグバン宇宙論が抱えていたもう一つの解決困難な問題に「平坦性問題」がある。第2章でも述べたが、宇宙の観測可能な領域は全体的には「ほぼ平ら」であることが分かっている。実はこれが大問題なのだ。

「宇宙空間が曲がっている方が不自然で、平らである方が自然なのでは？」と思ったかもしれない。しかし一般相対性理論によると、空間は曲がりうるものであり、実際、太陽のそばなどで空間の一部が曲がることは天文観測によって実証されている。空間が部分的に曲がることは、もはや疑いようがないのだ。

とすると、観測可能な領域が全体として曲がっていてもおかしくはない。それどころか、曲がっていた方が理論的には自然だと考えられているのだ。宇宙の曲率（曲がり具合）は、マイナスの値（馬の鞍のような曲がり方）から、プラスの値（球面のような曲がり方）まで幅広い値を取り得る（**図4−3**）。にもかかわらず、天文観測によると、観測可能な領域はほぼ平ら、つまり曲率はほぼゼロだった。これはまるで創造主が宇宙の曲がり具合を微調整して、きれいに平らにしてから宇宙を誕生させたかのようであり、非常に不自然だとみなされたのである。ビッグバン宇宙論は、この問題をうまく説明できなかった。

難題3　「N極だけ・S極だけの粒子」が存在しないのは不自然

解決困難な問題は他にもある。「N極だけやS極だけをもつ粒子が存在しないのは不自然だ」という、「モノポール（磁気単極子）問題」である。「モノポール」とは、N極だけ、またはS極だけをもつ、理論上の粒子のことだ。

電気の場合、プラスの電気とマイナスの電気は簡単に分離できる。プラスチックの下敷きで頭をこすると髪の毛が逆立つという実験をしたことがないだろうか。このとき髪の毛側はプラスの電気を帯び、下敷き側がマイナスの電気を帯びている。その結果、プラスとマイナスの電気が引き合い、髪の毛が逆立つわけだ。

身のまわりのあらゆる物質は原子でできているが、原子の中心には、プラスの電気を帯びた原子核

＊　宇宙論において、地点Aから見た「地平線（horizon）」とは、宇宙誕生からその時点までに地点Aから放たれた光が到達できる限界のラインのことである。つまり、地平線は、地点Aを中心とした球面になる。地平線の内部は、宇宙誕生からその時点までに地点Aと何らかの交流が起きえた領域だと言える。一方、地平線の外側は、宇宙誕生からその時点までに、地点Aと一切の交流が起きていない領域（因果関係をもたない領域）であり、実質的に地点Aにとって「別の宇宙」だと言える。**口絵1**の左端の点と右端の点はお互い、それぞれの地平線の外にあるのに温度がほぼ同じであることから、この問題は「地平線問題」と呼ばれている。

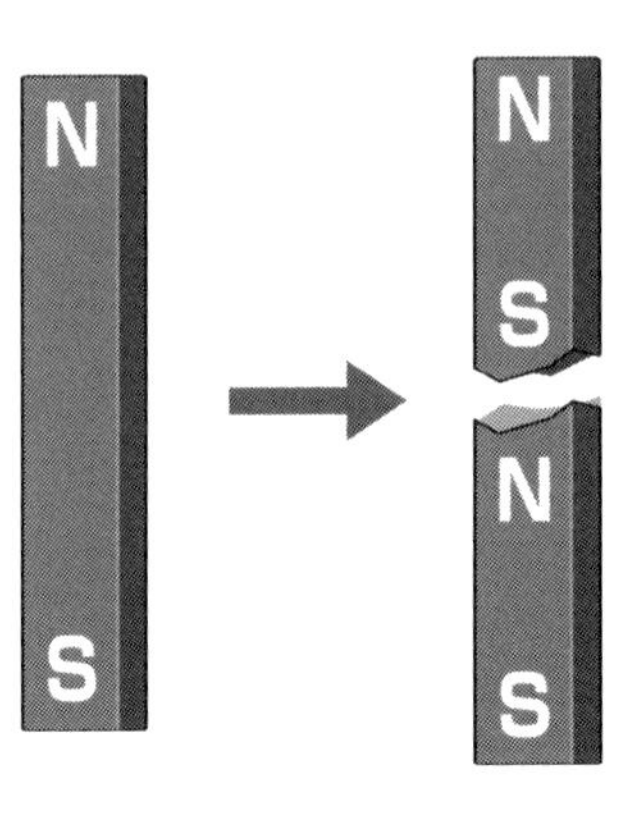

図4－4　棒磁石を割ると断面にN極とS極が現れる。磁石をどんなに小さく分割しても単独のN極や単独のS極は現れない。

があり、その周囲にはマイナスの電気を帯びた電子が分布している。この電子が物質間を移動することで、静電気が発生するのである。

一方、磁石にもN極とS極があるが、電気のプラス・マイナスとは異なり、N極とS極を分離することはできない。たとえば、棒磁石を真ん中で割っても、断面に新たにN極とS極が現れてしまうので、N極だけの磁石、S極だけの磁石は作れないのだ（**図4－4**）。これは磁石をどんなに小さくしていっても同じで、磁石のN極とS極は必ずペアで現れる。

インフレーション理論が登場する前の1974年、素粒子物理学に「大統一理論（GUT）」と呼ばれる理論が登場した。大統一理論とは、素粒子の間に働く「電磁気力」、「弱い力」、「強い力」という三つの力（相互作用）を統一的に記述する理論である。* 大統一理論が本当に正しいかどうかについては実験的な証拠はまだ得られていないのだが、この理論は素粒子物理学者たちに広く支持されている。

実はこの大統一理論によって、モノポールの存在が予言されている。大統一理論が正しければ、誕生直後の宇宙では、モノポールが大量に生成されたはずだと考えられているのだ。長い間、モノポールを見つけようとさまざまな実験が行われてきたが、モノポールが存在する証拠はいまだ得られていない。そのため、なぜモノポールが見つからないのかについて、何らかの説明が必要だとされている。これがモノポール問題であり、ビッグバン宇宙論ではこの問題もうまく説明できなかった。

インフレーション理論の登場

「地平線問題」「平坦性問題」「モノポール問題」といったビッグバン宇宙論の大問題を一挙に解決しうる理論として登場したのがインフレーション理論である。では、インフレーション理論がどのようにしてこれらの問題を解決したのかについて見ていこう。まずは地平線問題だ。

インフレーションが起きる前、現在観測可能な領域は、原子や原子核よりも圧倒的に小さかった。このようなミクロな領域なら端から端まですぐに影響が伝わって均一になれる。このミクロな領域が不均一になる間もなく、インフレーションによって一瞬のうちに広大な領域へと成長し、その結果、

＊　電磁気力とは、電気と磁気の力である。「弱い力」とは、放射性物質のベータ崩壊と呼ばれる現象などを引き起こす力である。「強い力」とは、原子核を形成している陽子と中性子を形作っている力である。陽子はアップクォークという素粒子二つとダウンクォークという素粒子一つで形成されており、中性子はアップクォーク一つとダウンクォーク二つで形成されている。これらのクォークどうしを結びつけている力が強い力だ。

電磁気力と弱い力については、「電弱統一理論（ワインバーグ－サラム理論）」によって統一的に記述することに成功しており、この理論はすでに素粒子物理学の土台の一つとなっている。これに強い力も含めて、三つの力を統一しようとするのが大統一理論である。大統一理論には、複数の理論モデルが存在する。

なお、自然界には、もう一つの基本的な力として「重力」がある。重力を含めた四つの力を統一する理論の候補が、第３章で言及した「超ひも理論（超弦理論）」である。

インフレーション終了後の温度が均一になったと考えれば、地平線問題が解決する。

宇宙が誕生以来、今と同じようなペースで膨張してきたのなら、**口絵1**の「観測可能な宇宙の図」の左端と右端は宇宙誕生から現在まで一切の交流をもっていなかったことになる。しかし、インフレーション理論によると、図の左端と右端はインフレーション前にちゃんと交流していた（影響が十分に伝わっていた）ことになるので、インフレーション後に温度が同じだったとしても不思議ではないことになるのだ。

次は平坦性問題を考えてみよう。野球のボールが瞬時に膨張し、地球くらいの大きさになったとしよう。すると地球の大きさと比べて圧倒的に小さな私たちからは巨大化したボールのごくごく一部しか見えないので、ボールの見える範囲は平らに見える。宇宙のインフレーションもこれと似たようなもので、最初に空間がどんな曲率をもっていたとしても、インフレーションによって空間が引き伸ばされてしまい、観測可能な領域は必ずほぼ平らに見えるようになる。このように考えると、平坦性問題も解決するわけだ。

最後はモノポール問題だ。誕生直後の宇宙でモノポールがたくさん作られたとしても、インフレーションが起きれば、その密度は一気に薄まってしまい、密度はほぼゼロになってしまう。その結果、モノポールは現実的には見つからないことになる。このように考えればモノポール問題も解決できる。

「空っぽの空間」もエネルギーをもつ！

こうしてインフレーション理論によって宇宙論の未解決問題が一挙に解決されたのだが、これで万事OKというわけにはいかない。インフレーションを引き起こしたものの正体が不明なままだからだ。

宇宙論の土台となっている一般相対性理論によれば、インフレーションのような空間の指数関数的な膨張を引き起こすには、空間に〝何か〟が満ちていなければならない。実際にインフレーションを起こした空間に満ちていた何かの正体や性質はいまだに分かっていないが、とりあえず「インフラトン場」と呼ばれている。インフラトン場は、分子の集まりである気体のようなもの（離散的なもの）ではなく、空間をのっぺりと埋め尽くすような何か（物理学で「スカラー場」と呼ばれているもの）だと考えられている。

インフラトン場のエネルギーは極めて不思議な性質をもっている。空間が膨張してもエネルギーが薄まらず、エネルギーの密度は一定のままに保たれるのだ。つまり、空間の体積が2倍に増えるとインフラトン場のエネルギーも2倍に増えるのである。通常の物質は、空間の体積が2倍に増えると密度は半分になる。空間が増えても物質は増えないからだ。しかしインフラトン場のエネルギーは、空間が膨張して増えたら、その分、増えるのである。これはインフラトン場のエネルギーが空間自体に付随したエネルギーであることを意味している。

実はインフラトン場のエネルギーは、宇宙の歴史において極めて重要な働きをしたと考えられている。インフレーションが終了した際、インフラトン場のエネルギーが物質と光のエネルギーに転化したのだ。[*] つまり、宇宙に物質と光を生み出したのである！　これによってインフレーション終了後の宇宙は高温、高密度の火の玉状態になった。これがいわゆる「ビッグバン」である。

ビッグバンという言葉は、単に「宇宙の始まり」を指すこともあるが、現在の宇宙論では通常、インフレーションの後に起きた「物質と光の誕生」のことをビッグバンと呼ぶ。また、その結果として誕生した火の玉状態の宇宙のことを「ビッグバン宇宙」と呼ぶ。つまり、ビッグバンには「前段階」があり、それがインフレーションなのである。

なお、インフレーションの前にも何らかの物質が存在していた可能性はある。しかしそれらの物質の密度はインフレーションによってほぼゼロにまで薄められてしまう。そのため、「現在観測可能な領域に存在するあらゆる物質はインフレーションによって作られた」と言える。つまり、地球や私たちの体を形作っている物質も、もとをただせばインフレーションによって作られたということになる。

ガスが満ちただけの世界から、星や銀河が生まれたわけ

ビッグバン宇宙論が抱えていたさまざまな問題を解決したインフレーションだが、実はもう一つ、宇宙の歴史に決定的な影響を及ぼしたと考えられている。インフレーションは、「宇宙の構造の種」を作り出したのだ。

現在の宇宙には、さまざまな構造がある。第1章で紹介した、恒星、銀河、銀河団、そして銀河の大規模構造（泡構造）などだ。しかし火の玉状態のビッグバン宇宙は、ほぼ均一な高温のガスで満たされているだけで、構造と呼べるものは何一つなかった。

しかし前述した通り、宇宙背景放射から推定された、宇宙の晴れ上がりの頃の温度には10万分の1程度のわずかなばらつきがあった。物質の温度と密度は密接に関係しているので、宇宙の晴れ上がりの頃の物質の密度にも同じようなばらつきがあったことになる。

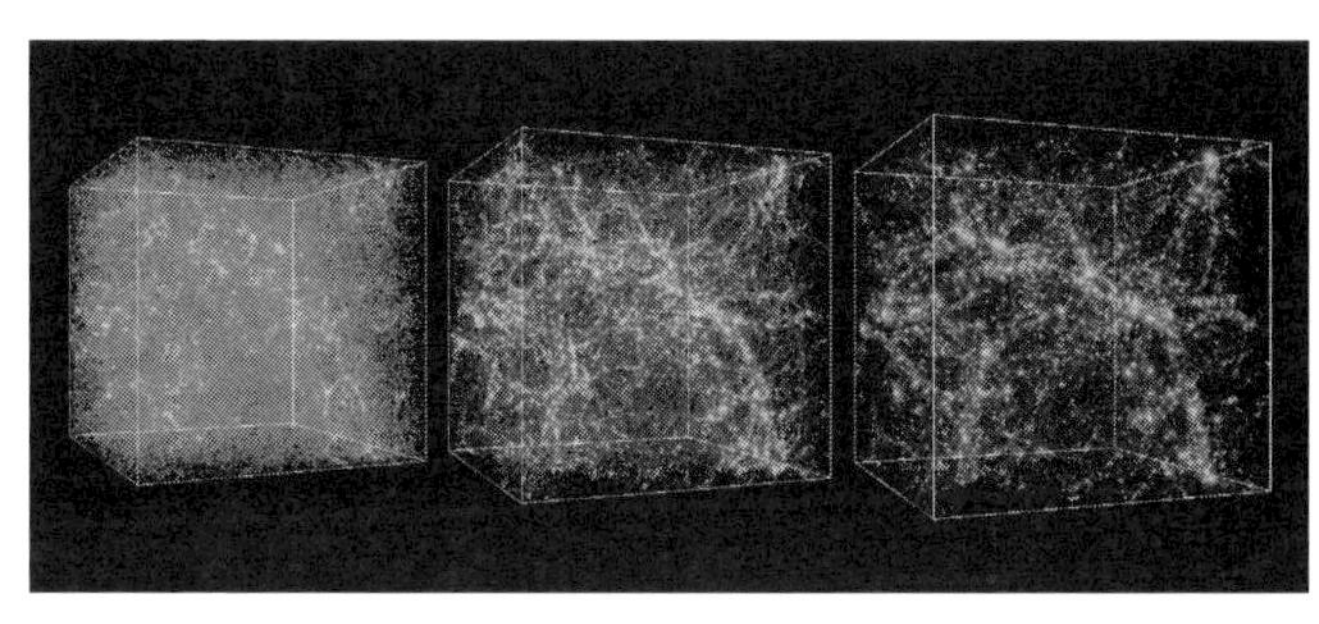

図4－5　銀河の大規模構造ができる過程のシミュレーション画像。最初にあった物質の密度のわずかなばらつき（左）が、時間が経つに従って（右に行くに従って）徐々に成長していくのが分かる。

宇宙で物質の密度がやや高い場所は、周囲よりも重力が強くなるので、物質を引き寄せ、さらに密度が高くなっていく。このようにして、最初にわずかな密度のばらつきがあると、長い年月をかけて宇宙には構造ができてくる。物質の密度が特に高くなったところに、恒星や銀河、銀河団などが作られるわけだ（**図4－5**）。

では、ビッグバン宇宙の密度のわずかなばらつきは、どうやって作られたのだろうか？　実はこのばらつきは、ミクロな世界に生じる「量子揺らぎ」が起源だと考えられている。量子論によると、あらゆるものは一定の状態を保ち続けることができず、常に揺らいでいるとされる。これが量子揺らぎだ。

この量子揺らぎの効果によって、インフレーションが終了する時刻も場所によってわずかに揺らぐ。インフレーション中は前述した通り、インフラトン場のエネルギーの密度は空間が膨張しても一定のままだが、インフレーションがわずかに早く終了して物質と光が誕生した領域では、空間の膨張とともに密度が減り始める。その結果、最終的な物質の密度には場所によってわずかなばらつきが生じることになった。インフレーションが早く終わった領域は密度がやや低くなり、遅く終わった領域は密度がやや高くなったのだ。このようにしてインフレーションが作り出した物質の密度のばらつきが「宇宙の構造の種」となり、その後、長い年月をかけて銀河や恒星などが生まれ、最終的には地球や私たち生命も生まれたのである。インフレーションは、量子論に支配されたミクロな世界と、私たちが目にするマクロな世界の橋渡しの役割を果たしたことになる。

そして、このインフレーションによってさらに無数の宇宙、つまりマルチバースが生まれたと考えられている。「無」から生まれた無数の宇宙の中の一つが、インフレーションを経て、さらに無数の宇宙を生むことになるわけだ。次章ではマルチバース宇宙論の核心に迫っていこう。

第4回の要点

・ビッグバン宇宙論は、①ビッグバンの頃の宇宙が極めて均一なのは不自然（地平線問題）、②宇宙が平らなのは不自然（平坦性問題）、③N極だけ、S極だけの粒子が宇宙に存在していないのは不自然（モノポール問題）といったさまざまな問題を抱えていた。
・もし誕生直後の宇宙が超急膨張インフレーションを起こしたのなら、ビッグバン宇宙論が抱えていたさまざまな問題が一挙に解決する。
・インフレーションは、空間に満ちた「インフラトン場」が起こしたと考えられているが、インフラトン場の正体は未解明である。
・インフレーションが終了すると、インフレーションを引き起こしていたエネルギーによって、宇宙に物質と光が生まれた（ビッグバン）。

・インフレーションは、ミクロな世界に生じる量子揺らぎをもとにして、物質の密度のばらつきを生み出し、それが銀河や銀河団などの「構造の種」となった。

＊（63頁）　アインシュタインの相対性理論によると、物質の質量とエネルギーは等価であり、物質の質量からエネルギーを生み出すこともできるし、エネルギーから物質の質量を生み出すこともできる。物質の質量をm、エネルギーをE、光速をcとすると、$E=mc^2$という関係が成り立つことが知られている。

原子力発電では、核分裂反応によって核燃料の質量がわずかに減少し、その質量の減少分が熱エネルギーなどに変わっている。また、加速器という素粒子物理学の実験装置では、ほぼ光速まで加速した陽子どうしなどを衝突させ、その際の衝突エネルギーを使ってさまざまな粒子（質量）を生み出している。

2　無数の宇宙——マルチバース

第5章　親宇宙から無数の子宇宙が生まれた

超伝導体という物質を知っているだろうか？　電気の流しにくさを表す「電気抵抗」の値がゼロになる物質のことだ。銅などの普通の金属でできている導線を鉄心に巻いて、電流を流すと電磁石になる。普通の電磁石の場合、電源を切れば当然磁力を失う。しかし超伝導体でできた導線で作った電磁石は電源を切っても電磁石であり続ける。電気抵抗がゼロなので、いったん電流が生じると半永久的に電気が流れ続けるのだ。超伝導体で作られた電磁石は体の断面を撮影する医療機器であるＭＲＩ（磁気共鳴画像法）装置などに利用されている。

そんな便利なものをなぜ送電線や家電製品などに使わないのか、と思うかもしれない。しかし既存の超伝導体は基本的には極低温まで冷却するなどしないと超伝導状態にならないので、産業応用までもっていくのはなかなか難しいのである。

超伝導体を液体ヘリウムという極低温（約マイナス２６９℃）の物質を使って冷却しながら電気抵抗の値を測る実験をすると、面白い現象を見ることができる。電気抵抗の値がある温度（超伝導転移温度）でストンと落ちて、いきなりゼロになるのだ。電流の正体は電子の流れだが、この温度を境にして超伝導体の中の電子の状態が劇的に変化し、電子が何の抵抗も受けずにすいすいと流れるようになるのである。

このように、温度の変化などに伴って物質などの状態が大きく変化することを「相転移」と呼ぶ。「相」とは物質などの状態のことだ。たとえば、液体の水が固体の氷になったり、気体の水蒸気になったりするのも相転移である。

さて、本章でこれから紹介するのは、真空の状態が劇的に変化する「真空の相転移」という現象である。真空の相転移によって、無数の宇宙が生まれたと考えられているのだ。

真空に起きた劇的な変化

前章で紹介した通り、私たちの住む宇宙は誕生直後にインフレーションと呼ばれる空間の急激な膨張を起こしたと考えられている。その後インフレーションが終了すると、物質と光が誕生し、宇宙は高温・高密度の火の玉状態（ビッグバン宇宙）となった。インフレーションを引き起こした、空間に満ちていたインフラトン場のエネルギーが、物質と光のエネルギーに転化したのだ。

インフラトン場のエネルギーは、空っぽの空間、つまり真空状態の空間に満ちたエネルギーだと言える。真空にエネルギーが満ちているというのは何とも不思議な話だが、現代物理学によると、真空は単なる空っぽの空間ではなく、さまざまなものが満ちた活気あふれる状態だということが分かっている。このことについては現代宇宙論最大の謎である「ダークエネルギー」について取り上げる第7

章で詳しく紹介することにして、ここでは先に進むことにしよう。

さて、私たちの住む宇宙は誕生直後、真空に高いエネルギーが満ちていたわけだが、インフレーションが終わるとそのエネルギーは物質と光のエネルギーに転化し、その結果、真空は低いエネルギー状態へと移り変わった。これが真空の相転移である。

インフレーションは永遠に続く？

エネルギーが高い比較的安定した真空の状態は「偽真空（false vacuum）」と呼ばれ、インフレーションを引き起こす。一方で、インフレーションが終了した後のエネルギーが低い安定した状態は「真真空（true vacuum）」と呼ばれる。この真真空の領域がその後、私たちが住んでいる世界になったと考えられている。

水は１００℃になると沸騰する（相転移する）。このとき水の中では小さな泡（水蒸気）があちこちで発生し、泡はすぐに大きくなって、ボコッと水面から出てくる。水の体積は当然ながら有限なので、いずれ水はすべて水蒸気となってなくなってしまう。

一方、真空の相転移では、水の相転移とは大きく異なることが起きる。まず偽真空の領域のあちこちに真真空の泡が発生する。それぞれの泡はほぼ光の速さで急激に大きくなっていく。拡大する真真空の泡が、偽真空の領域をすべて埋め尽くしてしまえば、インフレーションは空間全体で終了することになるわけだが、事はそう簡単ではない。真真空の泡は急激に大きくなっていくが、その間にも偽真空の領域はそれを上回る超急激な膨張、つまりインフレーションを続けている。その結果、無数の

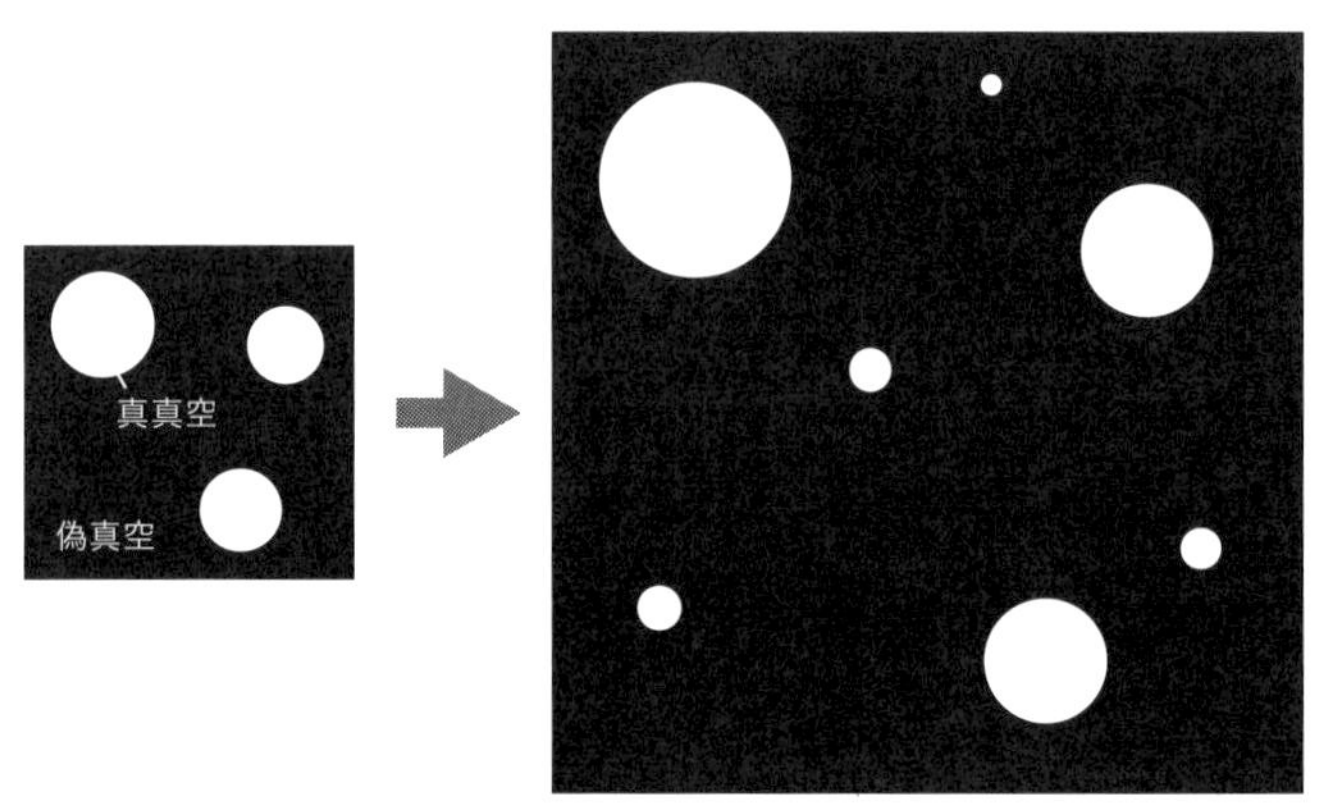

図5－1　偽真空（黒）の中に、真真空の泡（白）があちこちで生じる。真真空の泡は拡大していくが、偽真空の領域はそれを上回る勢いで膨張（インフレーション）を続けていくため、真真空の泡が空間全体を埋め尽くすことはできない。そのため、空間全体で見ると、永久にインフレーションが続くことになる。真真空の泡はそれぞれが別の「泡宇宙」へと成長していく。その中の一つが私たちの宇宙だ。

真真空の泡が発生して、それらが大きくなっていったとしても、真真空が偽真空の領域全体を埋め尽くすことは困難だと一般的に考えられているのだ（**図5－1**）。水のたとえで言うと、沸騰が続いているにもかかわらず、水がいつまでたっても水と容器が急激に大きくなっていくため、水がいつまでたってもなくならないようなものだ。

つまり、インフレーションは空間全体で終了することはなく、広い視点から見ると永久に続くことになる。このようなインフレーションの描像は「永久インフレーション」と呼ばれている。

永久インフレーションが無数の宇宙を生む

永久インフレーションを起こしている空間全体を「親宇宙」とすると、その中では無数の真真空の泡が発生し、そのそれぞれが「子宇宙」へと成長していくことになる。その中の一つが私たちの住む領域だ。これが永久インフレーションが生む無数の並行宇宙、すなわちマルチバースである。永久インフレーションを起こしている親宇宙の中に生じた真真空の領域は、「泡宇宙」や「ポケット宇宙」などとも呼ばれる。

なお、ややこしいことにこれまでに紹介してきた「私たちが住む泡宇宙の中で起きたインフレーション」と、「親宇宙の永久インフレーション」は別物である。真空の相転移で生じた泡の中で、さらに別のインフレーションが起き、それが終了して、物質と光が存在する私たちの住む世界が誕生したと考えられているのである。*

さて、私たちの住む泡宇宙では138億年前にインフレーションが終わったが、泡宇宙の外では、インフレーションが終わらずにずっと続いていることになる。インフレーションは、とんでもない勢いの膨張だということを思い出してほしい。泡宇宙と泡宇宙の間はインフレーションを起こしている空間（偽真空）によって隔てられている。そのため泡宇宙どうしは、基本的にはインフレーションによって、光が止まって見えるような猛烈な速度で遠ざかっていることになる。

光速は自然界の最高速度であり、光速を超える速度での物体の移動は原理的にできないので、ある泡宇宙から別の泡宇宙に移動するなんてことはできない。それどころか、偽真空の領域で隔てられた

＊　話が複雑になるので詳細な説明は省くが、私たちの泡宇宙の中でさらに起きたインフレーション、すなわち前章で紹介したインフレーションは、専門的には「スローロール（slow-roll）・インフレーション」と呼ばれるものであり、永久には続かずに、泡の生成とは異なる仕組みによって有限の時間で終了すると考えられている。

泡宇宙どうしは光を含めた一切の情報のやり取りもできない。しかも泡宇宙ごとに素粒子の質量などが異なり、一部の物理法則すら異なっていると考えられている（このことについては、次章で詳しく取り上げる）。以上のことを踏まえると、泡宇宙どうしは事実上、別々の宇宙だと言えるだろう。

空間の膨張と光速についてのよくある誤解

ここで空間の膨張について少し補足しておこう。第3章でも紹介したように、宇宙空間は膨張しているため、遠くの銀河ほど地球から見ると速く遠ざかっていくように見える。遠くになるほど、空間の膨張の効果が積み重なっていくからだ。これは銀河に限った話ではない。より一般化して言えば、「遠くの地点ほど、速く遠ざかっていくように見える」ということになる。

そして、ある地点Aから見た別の地点Bの遠ざかる速度が光速を超えることもありえる。また、インフレーションは、現在の宇宙膨張よりはるかに凄まじい勢いの膨張なので、ほんの少し離れた空間上の点すら光速を超えて遠ざかることになる。

こう書くと、「光速は宇宙の最高速度で、絶対に超えられないのではなかったのか？」と思うかもしれない。確かに相対性理論によると、光速は宇宙の最高速度であり、どんなものの速度も原理的に光速を超えることはできない。もう少し正確に言うと、「どんなものも、近くで並走する光より速く進むことはできない」ということになる。光速を超える移動や情報の伝達は相対性理論によって禁じられているのだ。

しかし、空間の膨張によって銀河Aから見た銀河Bの遠ざかる速度が光速を超えたとしても、それ

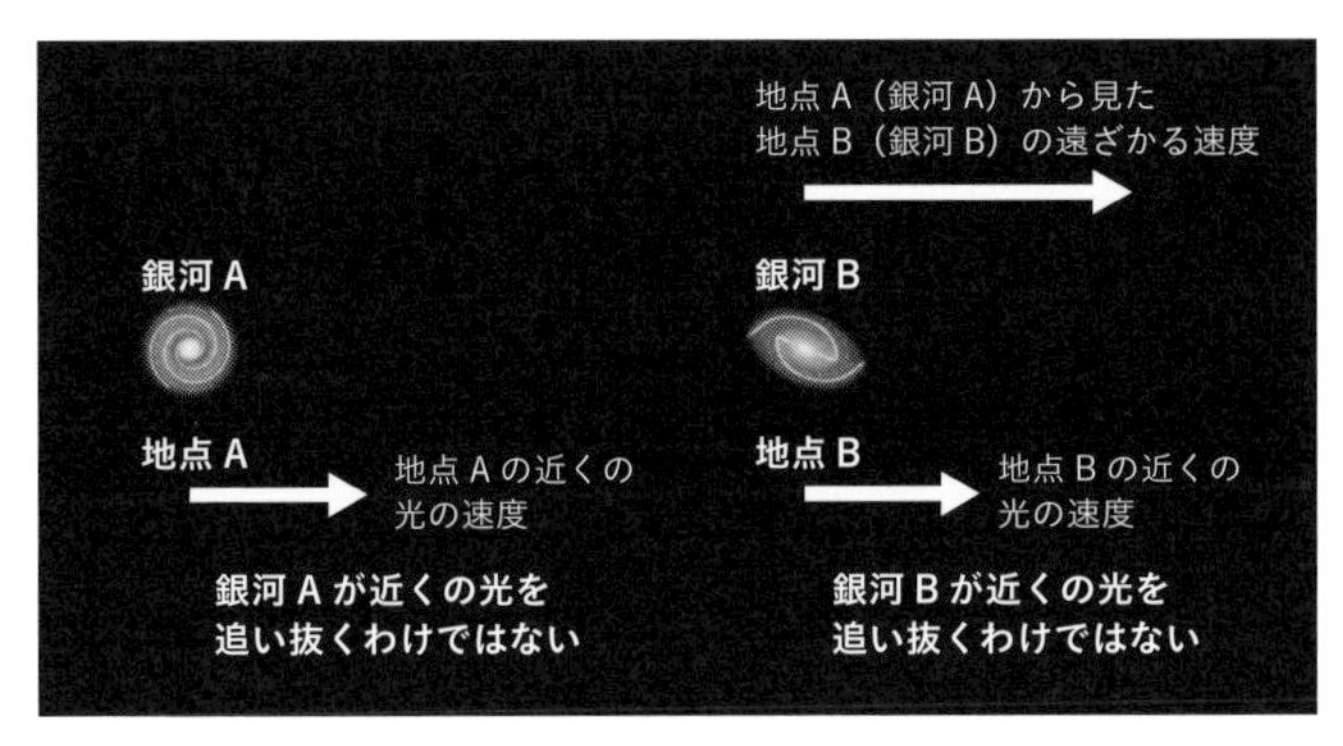

図5−2　ある銀河Aから見て、別の銀河Bの遠ざかる速度が光速を超えることもある

は銀河Aと銀河Bの間の空間が伸びたことによる、ある意味で見かけ上の話であって、相対性理論に反するわけではない。銀河Bの近くで並走する光を銀河Bが追い抜くわけでもなければ、銀河Aの近くで並走する光を銀河Aが追い抜くわけでもないからだ（**図5−2**）。また、このような空間の膨張を使って、銀河Aから銀河Bに光速を超えて情報を伝えることもできない。

泡宇宙は有限でもあり、無限でもある？

さて、ふたたび永久インフレーションに基づいたマルチバースに話を戻そう。

第2章では、有限の宇宙（大きさが有限で果てがない宇宙）と無限の宇宙（大きさが無限で果てがない宇宙）がそれぞれどのようなものかを紹介した。そこでは、有限の宇宙と無限の宇宙は〝別物〟だという前提で話を展開したが、実は、永久インフレーションによって生じた泡宇宙は、「有限の宇宙であり、無限の宇宙でもある」という何とも不思議な見方ができることが分かっている。いったいどういうことだろうか？

まず大きさ（長さ）をどうやって測ればよいかについて考えてみよう。「長さなんて物差しで測ればよいのでは？」と思うかもしれない。確かに止まっている物体の長さを測るのは簡単だ。物体のそばに物差しを置き、物体の左端と一致している物差しの目盛を見る。そして次に物差しの右端と一致している物差しの目盛を見る。最後に右端と左端の目盛の値の差を計算すれば、物体の長さを求めることができる。

では動いている車の前端から後端までの長さはどうやって測ればよいだろうか？　前端の目盛を見て、その後に後端の目盛を見てしまうと、その間に車は前に進んでいるので正しい長さは測れない。そんな測り方をしていては、実際の長さより短い値になってしまうはずだ。

動いている車の長さを正確に測るには、前端と後端の目盛を「同時に」測定する必要がある。しかし実は相対性理論によると、何を「同時」とみなすかは観測者の立場によって変わってしまうことが分かっている。観測者Aと観測者Bの運動速度が異なっていると、ある二つの出来事が同時に起きたのか、そうでないのかは意見が一致しないのだ！　これを「同時性の不一致」と呼ぶ。

つまり、観測者Aが、動いている車の前端と後端を同時に測定して車の長さを測ったとしても、それは観測者Bから見ると同時ではなく、その結果、車の長さについて両者の意見が一致しないということが起きるのである。

なお、同時性の不一致は、観測者の速度が光速に比べて無視できないほど大きい場合に初めて顕著に現れてくる。そのため、私たちが日常生活で経験するような速度では、同時性の不一致が顕著に現れることはない。

何を「同時」とみなすかは立場によって異なる

なぜ同時性の不一致などという不思議なことが起きるのだろうか。「二つの出来事（この場合は「2か所の測定」）がある人から見て同時に起きたのなら、それは誰から見ても同時ではないのか？」と思ったとしても無理はない。しかし相対性理論は、「二つの出来事が同時に起きたか否かは、観測者の立場によって異なる」という、常識的な感覚に反する衝撃の事実を明らかにした。理解の鍵を握るのは、「光の速度は誰から見ても一定（秒速30万キロメートル）」という「光速度不変の原理」である。

中が空っぽの長い箱のような車があるとしよう。この車のちょうど真ん中に光源を置いて、一瞬だけフラッシュをたくことを考える。光速度不変の原理によると、動いている車の中の観測者Aから見て、光は前後両方向に秒速30万キロメートルで進む。光源はちょうど真ん中にあるので、光は前端と後端に同時に到着する（**図5－3**）。

今度は**図5－3**と同じ状況を、車の外の静止した観測者Bから見ることを考えよう。光速度不変の原理によると、観測者Bから見て、光は前後両方に秒速30万キロメートルで進む。ただし、光が進んでいる間にも車は前方に動いているので、車の後端は、後方に進む光に向かっていくことになり、その結果、光は車の後端に先に到着することになる（**図5－4上**）。一方、車の前端は前方に進む光から逃げていくので、光は遅れて車の前端に到着することになる（**図5－4下**）。

光は光源から前後両方向に同時に発せられ、車の中の観測者Aから見たら、前端と後端に光が同時

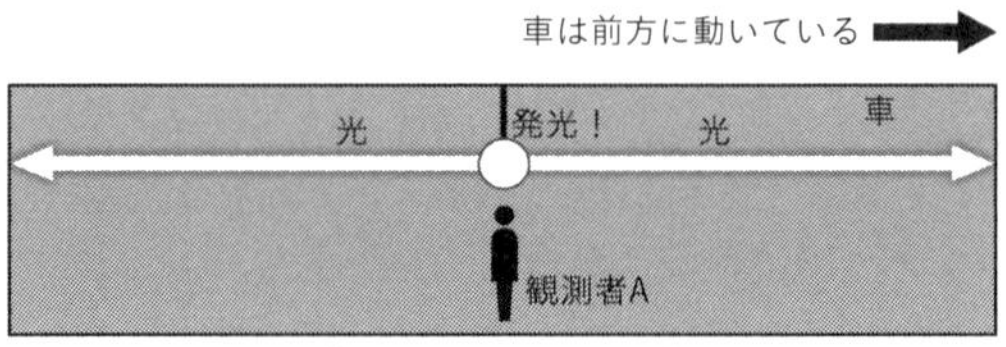

図5−3　前方に動いている車を、車の中の観測者Aから見た場合

に到着した。にもかかわらず、車の外で静止した観測者Bから見ると、光は前端と後端に時間差をもって到着した、つまり同時には到着しなかったことになる。

相対性理論によると、観測者Aと観測者Bの見方のどちらかが間違っているわけではなく、どちらも正しい。二つの出来事が同時かどうかは、観測者の立場によって異なるのである。

「絶対的に静止しているもの」など存在しない

おそらく多くの読者は観測者Aの見方に疑問をもつのではないだろうか。車は前方に動いているのだから、前方に進む光は遅く見え、後方に進む光は速く見えるのではないかと。しかし、それは本当だろうか。

ここで大事なのは「動いている」または「静止している」とはどういうことかだ。今、あなたは椅子に座ってこの本を読んでいるかもしれない。その場合、あなたは地面に対して静止している。しかし、その間にも地球は自転しているので、地球の外から見れば、あなたは地球の自転速度と同じ秒速380メートル（東京の緯度での値）で動いているとも言える。また、地球は太陽のまわりを秒速30キロメートルで公転しているので、太陽から見れば、あなたは秒速30キロメートルで動いているとも言える。さらに言えば、地球

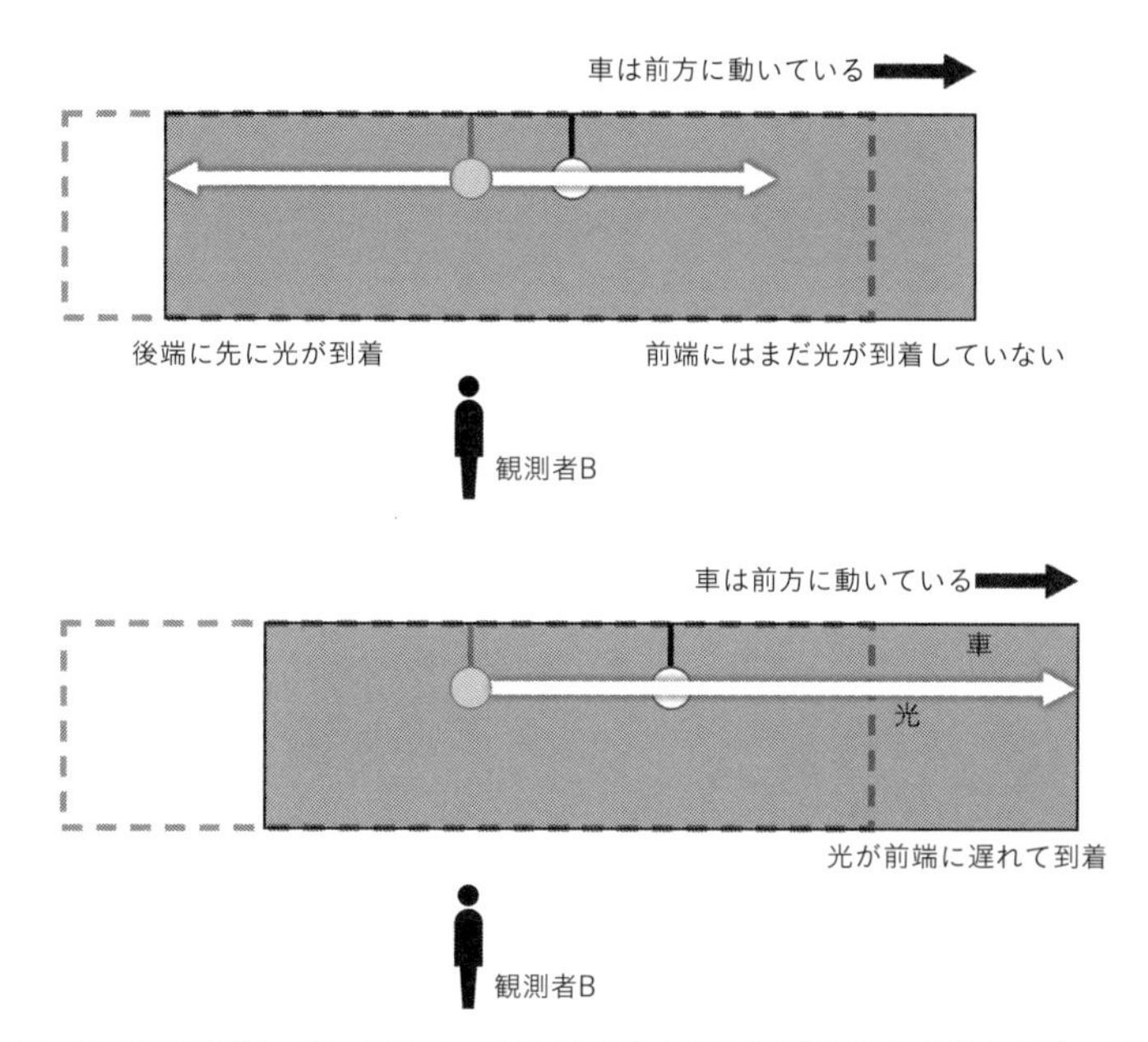

図5－4　前方に動いている車を、車の外で静止した観測者Bから見た場合、光は先に後端に到着し（上）、前端には遅れて到着する（下）

を含む太陽系も天の川銀河の中を約2億年で1周しており、その速度は秒速240キロメートルにも達する。天の川銀河の外から見れば、あなたは秒速240キロメートルで動いているとも言えるのだ。

つまり、速度とは絶対的な量ではなく、どこから見ているかによって決まる相対的な量だと言える。「絶対的に静止している」と言えるものはこの世に存在しないのだ。物理学では、一定速度で動いている観測者からの視点（座標系）を「慣性系」と呼ぶ。そして相対性理論によると、すべての慣性系は同等、つまり、どの慣性系から見ても物理法則は同じになることが分かっている。

すると、前述の車の思考実験にお

いて、地上に対して動いている車の中の観測者Aも、地上で静止している観測者Bも同等だということになる。そのため、光（電磁波）の進み方を司っている物理法則（電磁気学の法則）は、観測者Aから見ても、観測者Bから見ても同等だということになり、光速は観測者Aから見ても観測者Bから見ても一定になるのである。

泡宇宙は外から見ると有限、中から見ると無限

泡宇宙の大きさの話に戻ろう。永久にインフレーションを続ける空間（偽真空の領域）の中で、無数の泡宇宙（真真空の領域）が生まれ、そのうちの泡宇宙の一つが私たちの住む泡宇宙となった。この様子を、永久インフレーションを起こしている領域からの視点、つまり泡宇宙の外からの視点で簡略化して描いたのが**図5－5**だ。濃い灰色の領域が永久インフレーションを起こしている領域で、薄い灰色の三角形の領域が泡宇宙である。

鉛直方向が時間軸で、上が未来、下が過去を表し、水平方向は3次元空間のうちの一つの方向の距離である（空間軸）。水平方向の点線は泡宇宙の外から見た場合の「同時刻のライン」だ。泡宇宙の外からの視点では、同時刻のライン上で起きた出来事は、すべて同時に起きたことだとみなされる。こういった時間軸と空間軸を使った図は、一般に「時空図」と呼ばれる（なお、時空図では通常、光の軌跡の傾きが45度になるように縦軸と横軸の縮尺を決める）。

濃い灰色と薄い灰色の領域の境界の線が、真空の相転移を起こしている場所に当たる。そしてこの左右の境界の間の水平方向の長さが、その時点での泡宇宙の大きさだ。つまり、泡宇宙の外から見る

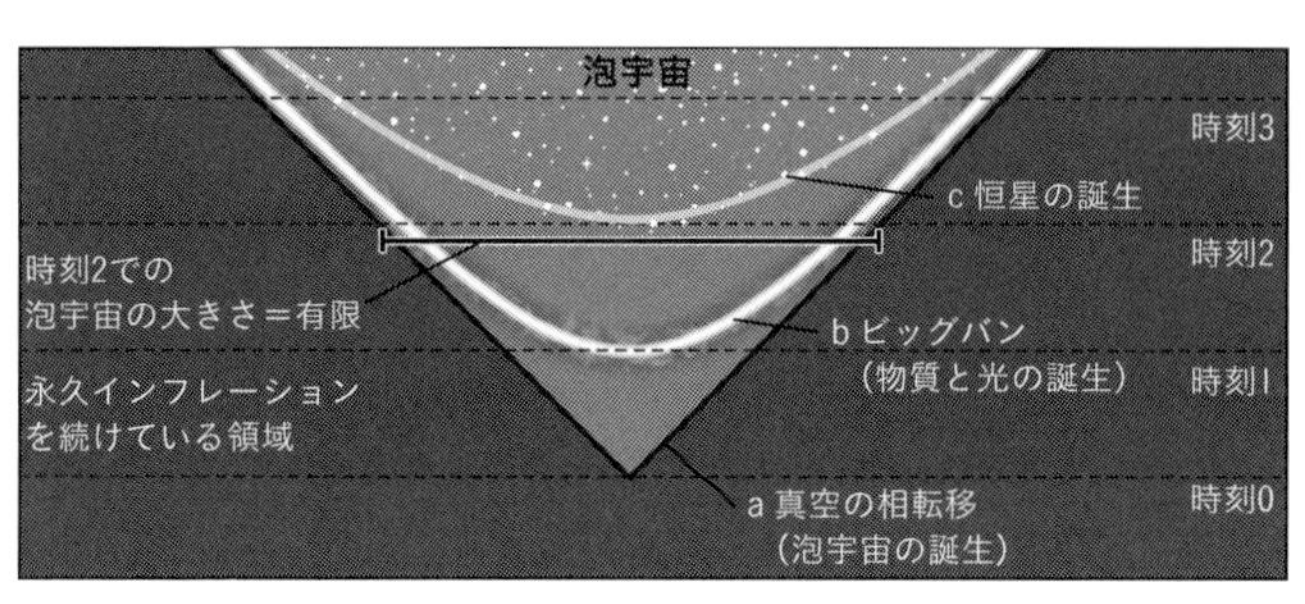

図5－5　泡宇宙の外から見た同時刻のライン

と、泡宇宙は有限の大きさに見える。この視点だと、泡宇宙は永久インフレーションを続けている領域の中でどんどん大きくなっていることになる。

私たちの住む泡宇宙では、泡宇宙誕生後、ビッグバン（物質と光の誕生）が起き、さらに数億年経つと太陽のように自ら輝く恒星が誕生したと考えられている。**図5－5**のような泡宇宙を外から見た視点では、時刻3のラインを左右にたどっていくと、同じ時刻に恒星が誕生している場所（曲線Cとの交点）も、ビッグバンが起きている場所（白い曲線bとの交点）も、泡宇宙が誕生している場所（aとの交点）もあることが分かる。場所によって、泡宇宙誕生から経過した時間が異なっているわけだ。

では、泡宇宙の内部から見たらどうなるだろうか。泡宇宙の中では、同時に起きた出来事を結んだ「同時刻のライン」は、何に基づいて引けばよいのだろうか？ **図5－3**と**図5－4**で説明したように、何を同時とみなすかは観測者によって異なる。これは相対性理論の中でも特殊相対性理論に基づいた話なのだが、理論物理学者シドニー・コールマン（1937〜2007）は、特殊相対性理論をさらに発展させた一般相対性理論に基づいて、泡宇宙の中でのもっ

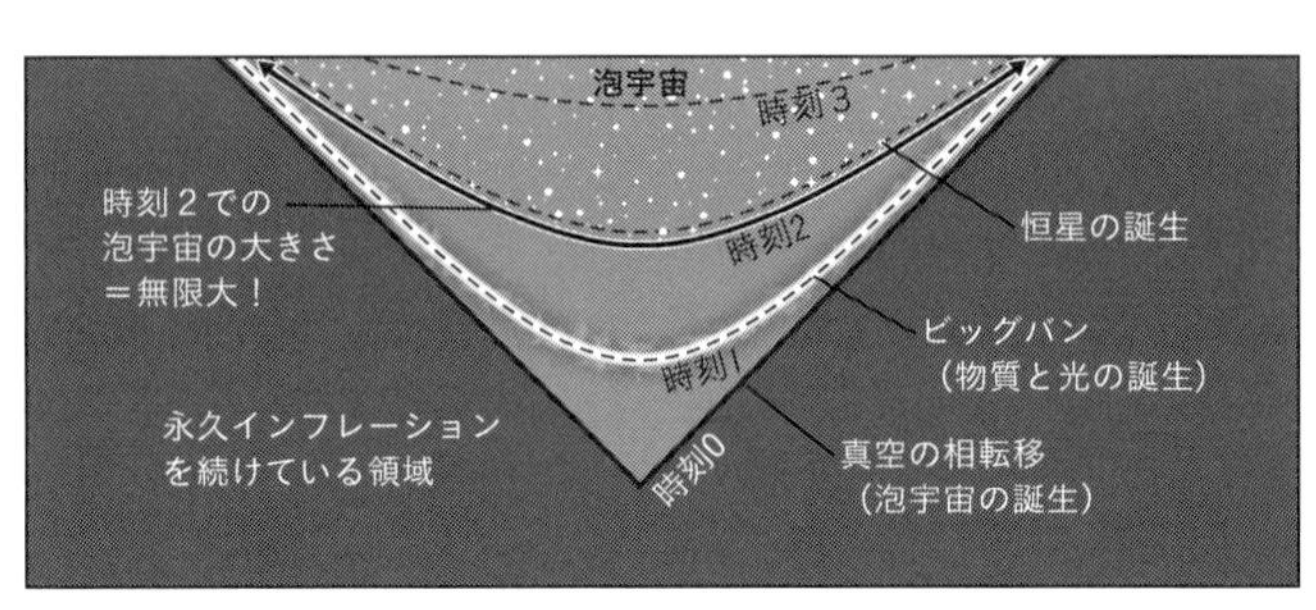

図５－６　泡宇宙の中から見た同時刻のライン

とも自然な同時刻のラインの引き方を考えた。それは、真空の相転移（泡宇宙の誕生）が起きた点を結んだラインを時刻０として、その後の時刻のラインは物質の密度が一定になるように引く、というものだ。それを表したのが**図５－６**である。同時刻のライン（黒い点線）はそれぞれなめらかな曲線になる。

「同時刻のライン（空間軸）は、時間軸に対して垂直に引くべきではないのか？」と思ったかもしれない。確かに高校までの物理学や数学では、「空間軸と時間軸は直交させる」と習ったはずだ。しかし、車の思考実験で見たように、何を「同時」とみなすかは観測者によって異なる。これは時空図での言葉で表現すると、「空間軸（同時刻のライン）は時空図上で傾くことができる」ということを意味している。

このことを、先ほどの車の思考実験で説明しよう。**図５－７**は、車の思考実験（**図５－３、５－４**）を時空図上で表したものだ（縦方向は時間軸なので、車や観測者の高さは本来ゼロにして描くべきだが、絵を分かりやすくするために高さがあるように描いている）。縦軸と横軸はそれぞれ静止した観測者Ｂから見た時間軸と空間軸である。空間軸は観測者Ｂから見た同時刻のラインでもある。

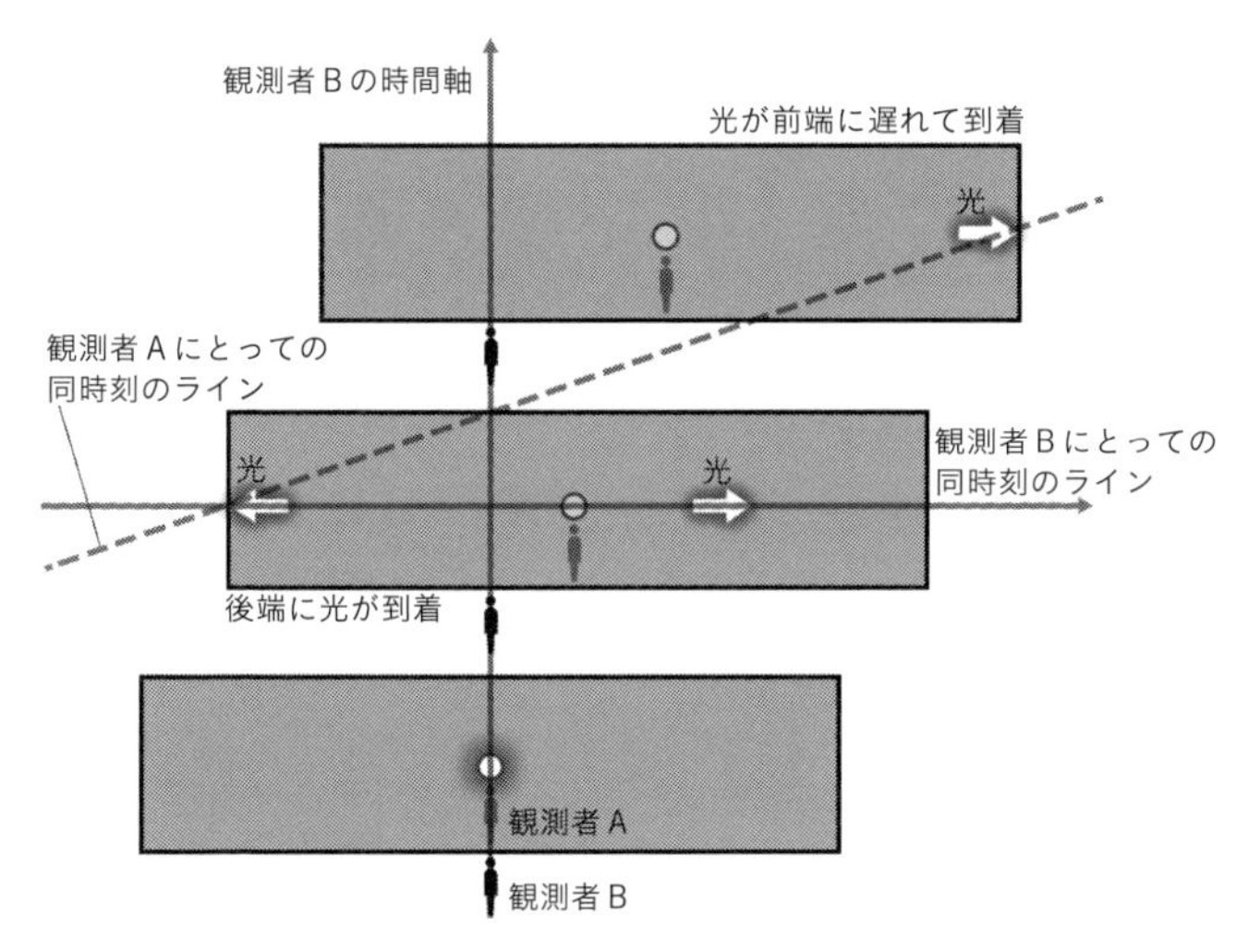

図５－７　時空図で表した車の思考実験

先ほど説明したように、車の中の観測者Ａから見ると、車の後端に光が到達したのと、前端に光が到達したのが同時なので、**図５－７**の点線が観測者Ａにとっての同時刻のラインということになる。図を見て明らかなように、観測者Ａにとっての同時刻のラインはこの時空図上で傾いている。このように相対性理論によると、同時刻のラインは絶対的なものではなく、立場によって変わるものであり、時空上で傾くことができるのだ。

さて、泡宇宙に話を戻そう。コールマンは、宇宙の密度（＝質量÷体積）を基準にして同時刻を決めるべきだと考えた。空間が膨張すると密度はどんどん低くなっていくが、この密度を同時刻の基準に据えたのだ。密度（空間がもとの状態からどれだけ膨張したか）が同じ場所を結んでいったのが同時刻のラインというわけだ。このように考えると、泡宇宙の中でビッグバンはすべて同一時刻（時刻1）に起きており、恒星の誕生もすべて同時刻（時刻2）に起きたことになる。なお、恒星の誕生の時期は場所によってばらつきがあるので、ここでの「同時刻」とは「同時代」くらいの意味合いである。また、銀河が多く分布する銀河団のような場所では周囲より密度が高く、銀河の大規模構造のうち、銀河がほとんど存在しないボイドと呼ばれる領域では密度が低い。泡宇宙の同時刻を決める密度は、もっと大きなスケールで見た場合の平均的な密度のことを指している。

図5−6は無限に大きくすることができないので、上端を適当なところで切っているが、実際の宇宙は図の上の方向に永久に続く。それぞれの同時刻のラインも、図では上端が切れているが、実際はさらに先まで続いている。同時刻のラインは**図5−5**とは違って、泡宇宙の端とは交わらずにずっと先まで続くので、泡宇宙の中の同時刻のラインの長さは無限大ということになる。泡宇宙の中の同時刻のラインの長さとは、すなわちその時点での泡宇宙の大きさのことなので、泡宇宙の大きさは無限大ということになる。しかも泡宇宙の大きさは生まれた瞬間（図の時刻0）から無限大なのだ！

泡宇宙の外から見ると有限の大きさで、中から見ると無限の大きさ。頭がこんがらがりそうだが、これは、ここまでの説明で見てきたように、「何を同時と見るか」が立場によって異なることから導き出された結論である。常識的な感覚にとらわれていたら、決して到達できない宇宙観だと言えるだろう。

なお、「泡宇宙の中から見ると、泡宇宙は無限の大きさに見える」という結論は、時間が未来の方向に永遠に続くということを暗に仮定している。単純に考えれば、永久インフレーションは未来に向かって永遠に続くと考えられそうだが、インフレーション理論自体がまだ確固たる証拠が得られているとは言えない段階なので、最終的な結論は将来の天文観測や宇宙論の発展に委ねられていると言えるだろう。

図5－6について、もう一つ重要な指摘をしておこう。泡宇宙の外のインフレーションを起こし続けている領域は、泡宇宙の中から見ると、時刻0よりも下、つまり過去に当たる。つまり、永久インフレーションを起こしている領域は、泡宇宙の中から見ると泡宇宙が誕生する「前」に当たるのだ。「泡宇宙の外＝泡宇宙誕生の前」という、またしても禅問答のような話になってしまったが、これもまた「何を同時とみなすかは立場によって異なる」という相対性理論の結論から導き出された宇宙観だと言えるだろう。

第5章の要点

・永久インフレーションに基づいて考えると、インフレーションを続ける空間の中で、「泡宇宙」が無数に生まれたことになる（永久インフレーションに基づくマルチバース）。

・泡宇宙は外から見ると有限の大きさだが、中から見ると無限の大きさだと考えることもできる。

・泡宇宙の「外」は、泡宇宙の中の視点からは、泡宇宙の「誕生前」だとみなすこともできる。

第6章　私たちの宇宙は〝幸運〟なのか

私が子どもの頃は、友達と一緒にサイコロやルーレットを使ったボードゲームでよく遊んだものだ。最近の子どもたちは、「マリオパーティ」のようなテレビゲームでバーチャルなサイコロを使うことの方が多いかもしれない。

もしも、こういったゲームでサイコロの6の目が10回連続で出たらどう思うだろうか？　おそらく何らかのいかさま、テレビゲームだったら何らかのバグを疑うのではないだろうか。そんなことが起きる確率は6046万6176分の1（6^{10}分の1）でしかないからだ。確率はゼロではないので絶対に起きないわけではないが、偶然に起きたにしては不自然すぎる。

実は私たちの宇宙にもこれと似た、偶然起きたとは考えにくい、非常に不自然なことがいくつもあることが知られている。それが本章のテーマである「物理定数の微調整問題」である。

物理定数は泡宇宙ごとに異なっているのかもしれない

私たちの泡宇宙以外の泡宇宙はどんな世界なのだろうか。実はそれぞれの泡宇宙ごとに物理定数は異なり、物理法則の一部も異なっているかもしれないと考えられている。国が変われば法律も変わるが、無数の泡宇宙からなるマルチバースも似たようなものだというわけだ。

物理定数とは、電子の質量（m_e：9.1093837 × 10^{-31}kg）や電子の帯びている電気の量（電気素量e：1.602176634 × 10^{-19}C）など、物理法則に登場する定数（一定の値）のことだ。括弧内に示したように、特定の物理定数は特定の記号で表されるのが通例である。

これらの物理定数の値は通常、理論計算で求めることはできず、実験で測定して初めて求められるものだ。たとえば、電子の質量は9.1093837 × 10^{-31}kgだが、なぜ電子の質量がこの値なのかは、現在の物理学の理論では説明することができない。「実験で測定してみたら、この値だった」としか言えないのだ。

また通常は、時代によらず、場所にもよらず、物理定数は一定だと考えられている。つまり、私たちの泡宇宙が誕生して以来138億年もの間、物理定数の値は変わることなく、地球でも太陽でも、250万光年先のアンドロメダ銀河でも、135億光年先の観測可能な宇宙の果てに近い銀河でもまったく同じ値を取ると考えられているのだ。「時代によらず、場所にもよらず一定」ということは、さまざまな物理定数について、さまざまな方法で確かめられている。*逆に言えば、物理定数が一定だからこそ、宇宙の彼方で起きた星の爆発などの天文現象についても、近傍の宇宙と同じように調べることができるのである。

物理学者たちは、こういった物理定数の値は、私たちが住んでいる泡宇宙が誕生した際に偶然決まったのだろうと考えている。現在の値を取っている必然的な理由が今のところ見当たらないからだ。つまり、私たちが住んでいる泡宇宙の物理定数は、他の値を取っていた可能性もあったことになる。そして実際、その可能性は他の泡宇宙で実現しているかもしれない。つまり、物理定数は、マルチバース全体では「定数（一定の値）」ではなく、泡宇宙ごとに異なっているかもしれないのだ。

また、泡宇宙ごとに、物理定数だけではなく、物理法則自体も異なっている可能性がある。物理法則にはある種の階層性があり、マルチバース全体を司る根源的な物理法則はどの泡宇宙でも共通していると考えられるが、素粒子どうしに働く力（相互作用）の法則などが異なっているかもしれないのだ。

物理定数が少しでも違っていたら生命は生まれていない

物理定数を巡っては、かなり以前から不思議な謎がいくつも見つかっている。それは、「物理定数の値が絶妙に〝微調整〟されているように見える」という謎だ。さまざまな物理定数が今の値からずれると、宇宙の様相が大きく変わってしまい、生命が誕生しない寂しい宇宙になってしまうと考えられているのである。

微調整されているように見える物理定数はたくさんあるが、ここでは、「強い力」と呼ばれる力の強さについて考えてみよう。強い力とは、陽子や中性子、さらには原子核を形作っている力だ。この強い力の大きさが今の値からほんの少しずれていたら、宇宙には多様な元素が生まれなかったと考えられている。たとえば、強い力の強さが0・5%ほど小さかっただけで、炭素がほとんど合成されなくなってしまうのだという。その場合、炭素原子を骨格とした有機物でできている生命は存在できないことになる。なぜそのようなことが言えるのだろうか？　順を追って説明していこう。

原子を形作っている二つの力

身のまわりの物質は「原子」でできている。原子は中心にプラスの電気を帯びた「原子核」があり、その周囲にマイナスの電気を帯びた「電子」が分布している。原子核と電子は「電磁気力」で引き合っており、そのため原子核と電子はばらばらにならずにその形を保つことができている。

電磁気力とは、電気力と磁力の総称のことだ。プラス（正）の電気を帯びた物体と、マイナス（負）の電気を帯びた物体は電気力で引き合う。プラスどうし、マイナスどうしの場合、逆に電気力は反発力となる。また、磁石のN極とS極は磁力で引き合い、N極どうし、S極どうしは反発しあう。

コイル（導線をぐるぐる巻きにしたもの）の中に磁石を出し入れすると、コイルには電流が流れる。これは「電磁誘導」と呼ばれる現象だ。また、鉄心に導線を巻いてコイルを作り、コイルを電源につなげて電流を流すと、磁気が発生し、電磁石になる。このように電気と磁気の間には非常に密接な関

＊（89頁）　ただし、私たちの住む宇宙で物理定数が本当に一定かどうかが調べ尽くされているわけではない。実際、わずかに時間的に変化している可能性なども理論的に考えられており、そのようなわずかなずれを見つけようとしている研究者もいる。そのようなずれがもし見つかれば、それは新しい物理学の理論を構築するための端緒になるはずだと期待されている。

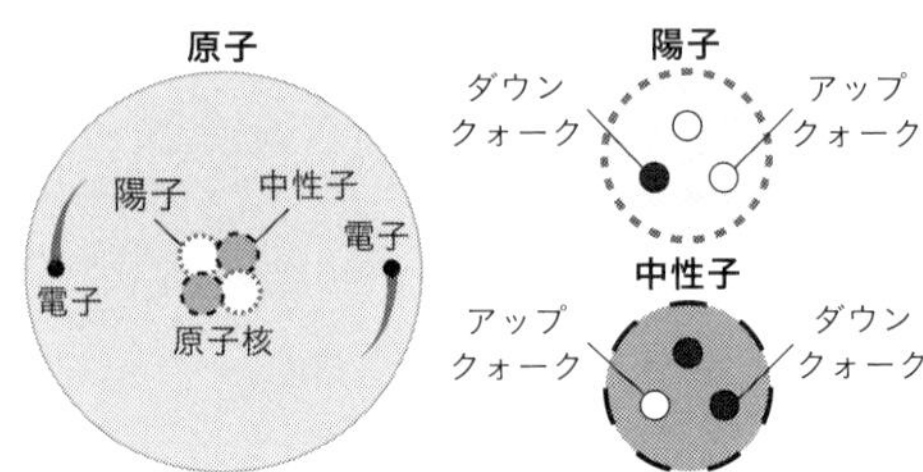

図6-1　原子は中心に原子核があり、その周囲に電子が分布している。原子核はプラスの電気を帯びた陽子と、電気を帯びていない中性子が集まってできている。陽子はアップクォーク2個とダウンクォーク1個からなり、中性子はアップクォーク1個とダウンクォーク2個からなる。クォークどうしは「強い力」という力で結びついている。陽子や中性子を結びつけている力は「核力」と呼ばれるが、これも強い力によって生じる力である。

係があり、電磁気学という一つの枠組みの中で統一的に理解することができる。そのため、電気力と磁力はまとめて電磁気力と呼ばれている。

原子核は、プラスの電気を帯びた「陽子」と、電気的に中性な「中性子」が集まってできている。なお、陽子と中性子はまとめて「核子」とも呼ばれる。原子の種類（元素）は、原子核の中に含まれる陽子の数（原子番号と一致する）で決まっている。たとえば、水素の原子核には陽子が1個、炭素の原子核には陽子が6個、鉄の原子核には陽子が26個含まれている。

陽子と中性子はさらに小さな「アップクォーク」と「ダウンクォーク」と呼ばれる素粒子（それ以上、分割できないとされている粒子）でできていることが分かっている。陽子は2個のアップクォークと1個のダウンクォーク、中性子は1個のアップクォークと2個のダウンクォークでできている（**図6-1**）。アップクォークは電子の電荷の3分の2の大きさのプラスの電荷を帯び（$+\frac{2}{3}e$）、ダウンクォークは電子の電荷の3分の1の大きさのマイナスの電荷を帯びている（$-\frac{1}{3}e$）。これらのクォークどうしを結びつけている力が「強い力」だ。強い力は、単に力が強いことを指す言葉ではなく、クォークの間に働く力を指す言葉である。電磁気力と比較して強いため、この名前がついている。

原子核がばらばらにならないのはなぜ？

さて、原子核は陽子と中性子でできているが、陽子はプラスの電気を帯びているので、陽子どうしは電気力によって反発しあうはずだ。一方で中性子は電気的に中性なので、電気力を生み出さない。普通に考えれば、原子核は陽子どうしの電気的な反発力によってばらばらになりそうだが、実際はそんなことはなく、安定である。なぜだろうか？

実は核子どうしには電磁気力とは別の「核力」と呼ばれる力が働いており、核力の方が電気的な反発力よりも強いため、原子核はばらばらにならずに形を保っていられる。核力は、「パイ中間子」と呼ばれる「力を伝える粒子」によって引き起こされる。陽子と中性子の間をパイ中間子が行き来することで、核力が発生するのだ。そしてパイ中間子もまたクォークでできている。ただしパイ中間子は三つのクォークではなく、二つのクォークでできている。*

核力がパイ中間子によって発生することは、湯川秀樹（１９０７〜１９８１）が１９３４年に理論的に明らかにし、湯川はその業績によって１９４９年にノーベル物理学賞を受賞している。現在では、核力は、陽子や中性子、パイ中間子を構成しているクォークどうしの間に働く強い力が複雑に絡み合

＊　中間子は一般にクォーク１個と反クォーク１個でできている。反クォークとは、対応するクォークの反粒子である。反粒子とは、対応する粒子と質量や電荷の大きさが同じで、電荷の符号が逆の粒子のことである。

って生み出されていることが分かっている。つまり、強い力こそが、原子核を形作っているもっとも基礎的な力だと言えるわけだ。強い力は、原子核のようなミクロな世界でしか顔を出さない力である。

原子核には、安定なものと不安定なものがある。安定な原子核はずっと変化しないが、不安定な原子核は放射線を出して（放射性崩壊して）、より安定な原子核に変化しようとする。このような原子核をもつ原子は「放射性同位体」と呼ばれ、原子力発電によって生じる放射性廃棄物に含まれていたり、医療用の検査や放射線治療に使われたりしている。

こういった原子核の安定／不安定を決めている大きな要素が、強い力と電磁気力のバランスだ。たとえば、原子核の中の中性子が少なすぎると、陽子どうしの距離が近くなり、陽子どうしの電気的な反発力が無視できなくなって、その原子核は不安定になる。

誕生直後の宇宙には少数の元素しかなかった

さて、原子核の説明が長くなってしまったが、本題である強い力の微調整問題について知るには、さらに多様な元素がいかにして作られてきたのかについて知る必要がある。

元素は〝永遠に変わらないもの〟だというイメージを漠然ともっていないだろうか。確かに紙の燃焼などの化学反応では元素は変化しない。元素がそう簡単に変化しないからこそ、かつて人々が金を他の元素から作ろうとした「錬金術」は実現しなかった。

しかし、実はほとんどの元素は宇宙誕生直後には存在しておらず、その後の宇宙の歴史の中で〝作られていったもの〟であることが分かっている。現在の宇宙には90種類ほどの元素が存在するが、*誕生直後の宇宙には水素（原子番号1）とヘリウム（原子番号2）、そしてごく微量のリチウム（原子番号3）といったごく少数の元素しか存在しなかったのだ。誕生直後の宇宙には軽い元素（核子の数が少ない元素）しかなかったことになる。なぜそんなことが言えるのかを理解するには、宇宙の歴史をひもといていく必要がある。

一般に物質の温度が高くなればなるほど、その物質を構成している粒子はばらばらになっていく。そもそも温度とは、ミクロな視点から見ると、物質を構成している粒子の運動の激しさのことである。高温の物質ほど粒子は激しく運動し、低温の物質ほど粒子の運動は穏やかになっていく。

たとえば液体の水は、水分子どうしが引力を及ぼしあいながら、ゆっくりと動いている状態だ。水を加熱すると、水分子の運動が激しくなり、一部の水分子は水面から飛び出して自由に空間を飛び交うようになる。このように水分子がばらばらに速い速度で空間を飛び交っている状態が水蒸気、つまり気体の状態だ。

気体をさらに高温にすると、原子や分子から電子が飛び出し、空間を自由に飛び交うようになる。電子が抜けた原子や分子は「イオン」と呼ばれ（この場合は陽イオン）、電子とイオンが空間を自由に飛び交っている状態を「プラズマ」という。

＊　人工的に合成された元素も含めると、元素の数は現在118種類が知られている。天然にそれなりの量が存在するのは原子番号92のウランまでで、原子番号がそれ以上大きな元素（超ウラン元素）は、天然にほんのわずかに存在するだけか、人工的に合成されたものである。ウランよりも原子番号が小さい元素の中にも、原子番号43のテクネチウムなど、天然にはほとんど存在しない元素もある。

誕生直後の超高温のビッグバン宇宙では、あらゆる物質が素粒子レベルまでばらばらになって空間を飛び交っていたと考えられている。私たちの泡宇宙が誕生してから約1万分の1秒後、宇宙空間の膨張によって温度が1兆℃程度まで下がってくると、クォークどうしが結びついて陽子や中性子が誕生した（クォーク・ハドロン相転移）。陽子は水素原子核なので、この段階で水素が誕生したことになる（電子をまとった原子にはなっていないので、水素と呼んでいいかは微妙ではあるが）。

ほとんどの元素は長い宇宙の歴史の中で作られた

泡宇宙誕生から数秒後、温度が１００億℃程度まで下がってくると、今度は核子どうしが「核融合反応」を起こし始める。核融合反応とは、原子核どうしが衝突して融合し、より重い原子核を作る反応のことだ。そして泡宇宙誕生から約10分後までに、ヘリウム原子核（陽子2個と中性子2個）などの数種類の比較的軽い原子核が誕生した。この時期の原子核の合成は「ビッグバン元素合成」と呼ばれている。

ビッグバン元素合成では、原子番号4以上（陽子の数が4個以上）の安定した原子核は作られなかった。これは核子の数が5個や8個の原子核が安定して存在できないため、反応がそこで停滞してしまったことなどによる。また、当時の宇宙の膨張速度は速く、温度と密度が急激に下がっていったため、それ以上の反応が進まなかった。

最終的には、水素の原子核（陽子）が約92％、ヘリウム原子核が約8％、そしてその他の微量の軽い原子核が作られた。なお、以上は原子の数での割合だ。ヘリウム原子核は水素原子核の約4倍の質量をもつので、質量ではヘリウム原子核は全体の約25％を占めていたことになる。

ビッグバン元素合成で原子番号4以上の元素の合成が進まなかった理由の一つは、ヘリウム原子核が非常に安定だからだ。ヘリウム原子核はそのままでいるのが安定で、ヘリウム原子核にもう一つの核子がぶつかっても、ヘリウム原子核どうしがぶつかっても、安定な別の原子核はできないのだ。これが障壁となって、それ以上大きな原子核の合成が進まなくなってしまったのである。

ヘリウム原子核は「アルファ粒子」とも呼ばれる。アルファ粒子は、不安定な原子核が起こす「アルファ崩壊」によって放出される粒子として知られている。このような高エネルギーのアルファ粒子の流れは放射線の一種であり、「アルファ線」と呼ばれる。陽子2個＋中性子2個というヘリウム原子核（アルファ粒子）の核子の組み合わせが極めて安定なため、原子核の崩壊ではこの組み合わせの核子の塊が放出されやすいのだ。

なお、単独の中性子は不安定なので、ビッグバン元素合成で核融合反応に使われなかった分は約10分の半減期（数が半分になるまでに要する時間）で陽子に変わってしまう。これは「ベータ崩壊」という現象で、中性子が陽子になり、同時に電子と反電子ニュートリノという素粒子が放出される（**図6－2**）。中性子は原子核の中で他の核子と一緒にならないと安定でいられないのだ。このベータ崩壊を引き起こす力は、「弱い力」と呼ばれている。強い力と同様、原子核レベルのミクロな世界でのみ顔を出す力である。

電磁気力、強い力、弱い力、そして重力の四つが自然界でもっとも基礎的な力（相互作用）であり、私たちの住む泡宇宙での森羅万象はこの四つの力が引き起こしていると言える。ただし別の泡宇宙で

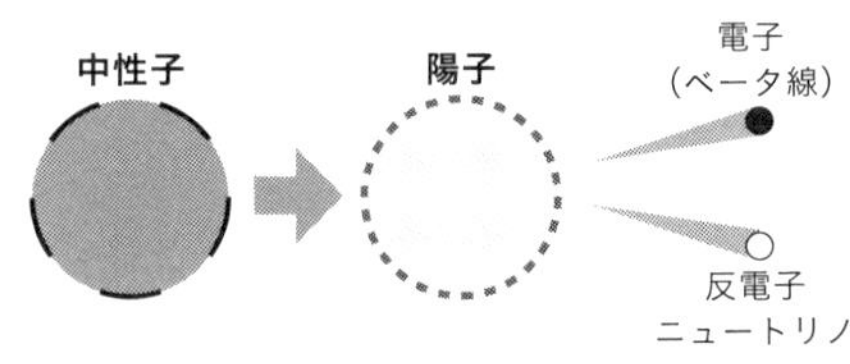

図6－2　中性子が陽子に変化する「ベータ崩壊」。この際、電子と反電子ニュートリノが放出される。このとき放出される速度の大きな電子は「ベータ線」とも呼ばれる放射線である。中性子が陽子よりも不安定なのは、陽子よりわずかに質量が大きいことに原因がある。

は、物理定数であるそれぞれの力の強さが異なっていたり、そもそも力の種類が四つではなかったりする可能性もある。

ビッグバン元素合成の終了後、電子と原子核は宇宙空間をばらばらに飛び交っていた。つまり、宇宙はプラズマによって満たされていたわけだ。そして泡宇宙誕生から約37万年後、温度が３０００℃程度まで下がってくると、電子と原子核が結びつき、原子が誕生した。これが第4章でも紹介した「宇宙の晴れ上がり」である。

泡宇宙誕生から数億年経つと、ようやく太陽のような恒星が誕生し、その中心部では核融合反応が始まった。このような恒星内部で起きる核融合反応によって、ヘリウムよりも重い元素がようやく合成されていくことになる。現在の宇宙に存在する多様な元素は、こういった恒星内部での核融合反応に加え、恒星全体が吹き飛ぶ「超新星爆発」などのいくつかの天文現象の際に合成されたと考えられている。

「強い力」の強さがほんの少し違っていたら地球生命は生まれなかった

前置きがかなり長くなってしまったが、強い力の微調整問題の話に戻ろう。

地球生命に不可欠な元素である炭素の原子番号は６である。つまり原子核の中に陽子が６個あるのが炭素原子だ。炭素原子核の中でもっとも存在比率が高く、約99%を占めるのは、原子核が陽子6個と中性子6個からなる炭素12（^{12}C）である。これはちょうどヘリウム原子核3個分と一致する。つまり、単純に考えると、ヘリウム原子核どうしが融合し、さらにもう一つヘリウム原子核が融合すれば炭素原子核が合成されることになりそうだ。

しかし前述のようにヘリウム原子核が安定すぎるために、ヘリウム原子核どうしが衝突しても安定な原子核は合成されない。ヘリウム原子核二つが融合した原子核はベリリウム8（^{8}Be）ということになるが、この原子核は非常に不安定で、半減期はわずか10^{-16}秒程度しかない。つまり、1秒の1兆分の1の、さらに1万分の1という極めてわずかな時間が経つと、元の二つのヘリウム原子核に分かれてしまうのだ。このわずかな時間内にもう一つのヘリウム原子核が融合すれば、無事、炭素原子核を合成できる。これは事実上、三つのヘリウム原子核（アルファ粒子）がほぼ同時に衝突・融合する反応なので、「トリプルアルファ反応」と呼ばれている。

このような反応が起きる確率は高くはないが、恒星の中心部のような高温、高密度の場所で長い時間をかければ十分な量の炭素原子核が合成できる。こうして恒星の中で合成された炭素が恒星の爆発などで宇宙空間に放出され、巡り巡って太陽系の材料の中に紛れ込み、地球生命に欠かせない有機物を作り出しているのである。

トリプルアルファ反応が起きるには、強い力の強さの極めて微妙な調整が必要になることが分かっている。反応前のヘリウム原子核とベリリウム8原子核のもつエネルギーと、反応後の炭素原子核のもつエネルギーの奇跡的なバランスがあって初めてこの反応が実現するのだ。* 原子核のもつエネルギーは強い力の強さに大きな影響を受ける。そのため強い力の強さが0・5%ほど弱かっただけで、トリプルアルファ反応はほとんど起きなくなり、合成される炭素原子核の量が激減してしまうのである。

このエネルギーの奇跡的なバランスは1953年にフレッド・ホイル（1915〜2001）によって予言され、その後、実験で実際に確かめられた。ホイルは実際に宇宙に炭素が豊富に存在し、生命が存在しているのだから、このようなエネルギーのバランスが存在するはずだと考え、この予言を行ったのだ。

物理定数が微調整されているように見える事例は、トリプルアルファ反応以外にもたくさん知られている。電磁気力、強い力、弱い力の強さや、陽子と中性子の質量の差（中性子の崩壊のしやすさに影響する）などの絶妙なバランスがなければ、多様な元素は生み出されず、生命も誕生しなかったと考えられている。

地球は奇跡の存在か？

さて、ここまで「物理定数が微調整されているように見える」などと書いてきたが、これはあくまで比喩であり、物理定数を微調整する創造主のような存在を本当に考えているわけではない。物理学者たちはそのような超自然的な創造主の存在を受け入れているわけではなく、物理定数があたかも微調整されているように見える何らかの合理的な理由を探そうとしているのだ。しかし前述の通り、物理定数が現在の値を必然的に取るようになるメカニズムは今のところ知られていない。物理定数は偶然その値に決まったようなのだ。

では、この数々の〝奇跡〟が起きた理由をどう考えればよいのだろうか。実はよく似た問題は私たちが住んでいるこの地球にもある。地球という天体は、生命が存在するのに非常に都合よく、さまざまな条件が微調整されているように見えるのだ。

地球生命は海で誕生したとする説が有力視されており、海は生命にとって母なる存在だと言える。私たち人間の体の重さの半分程度は水が占めており、人体を形作っている細胞に至っては約70％が水である。これは他の生物も同様で、地球生命にとって水は必要不可欠な物質だと言える。

しかし液体の水は宇宙では稀な存在だ。惑星の軌道が恒星に近すぎると、温度が高くなり、水は蒸発して気体の水蒸気になってしまう。逆に恒星から遠すぎると、温度が低くなり、水は凍って固体の氷になってしまう。恒星の周囲で、天体の表面に液体の水が安定して存在できる領域は「ハビタブル

＊（99頁）　ヘリウム原子核とベリリウム8原子核が融合すると、安定な炭素原子核より少しだけエネルギーの高い状態（励起状態）に一時的になる。励起状態の炭素原子核はその後、光を放出して安定な炭素原子核になる。ヘリウム原子核とベリリウム8原子核のもつエネルギーの和より、炭素原子核の励起状態のエネルギーが少しだけ高いという偶然がこの反応を実現させている（共鳴反応）。このエネルギー差は、反応前のヘリウム原子核とベリリウム8原子核がもつ運動エネルギーでちょうど補うことができる。

また、単純に考えると、炭素原子核にさらにヘリウム原子核が融合することで、酸素原子核（陽子8個、中性子8個）ができそうに思える。しかしトリプルアルファ反応とは違い、この反応はエネルギー的に起きにくいことが知られている。もし炭素原子核が合成される際と同じような共鳴反応が起きるのであれば、炭素原子核は酸素原子核の合成反応によって消費し尽くされ、ほとんど存在しなくなってしまうはずだ。しかし実際はそうはなっていない。これも強い力の強さがほどよい値を取っていたおかげである。

ゾーン」と呼ばれている。ハビタブル（habitable）は「（生物が）居住可能」、ゾーン（zone）は「領域」を意味する。液体の水が存在するだけでは、生命が誕生できて居住可能であるとは必ずしも言えないが、地球生命にとっては最低限、液体の水の存在が不可欠なのでハビタブルゾーンと呼ばれているわけだ。

現在の太陽系のハビタブルゾーンは、太陽を中心として地球の軌道の半径の約0・97倍から約1・39倍の範囲だとされている。この範囲に地球が存在していなかったら、地球の表面に液体の水は存在できず、生命は生きていけないだろう。

地球に大気があることも重要だ。大気があるからこそ液体の水が表面に存在できるし、大気は有害な宇宙由来の放射線（宇宙線）や太陽風（太陽が放出するプラズマの高速の流れ）も遮ってくれる。大気を保持するには、適度な大きさの重力が生じるほど惑星の質量が大きい必要がある。

地磁気も宇宙線や太陽風を遮るバリヤーの役割を果たしている。地磁気があるおかげで、電気を帯びた宇宙線の粒子はその進行方向を曲げられ、地表への侵入が大幅に防がれているのである。

地球生命がどのように誕生したのかは詳しくは分かっていないが、さまざまな物質が十分に存在することや適度な地熱の存在なども生命の誕生に必要だったと考えられている。

このように地球は、生命にとってまさに〝奇跡の惑星〟である。生命が誕生し、存在し続けるための好条件が奇跡的にそろっているのだ。では、地球は、超自然的な存在である創造主がさまざまな条件を微調整することで生まれたのだろうか？　当然ながらそうではない。

太陽系には八つの惑星があるが、他の多くの恒星も同様に惑星をもつことが分かっている。太陽以外の恒星の周囲をまわっている惑星は「系外惑星」と呼ばれており、2025年3月現在、5800を超える系外惑星が天文観測によって実際に発見されている。はっきりとしたことは分かっていないが、おそらく大部分の恒星が惑星を従えているのだろう。私たちが住む天の川銀河だけでも数千億もの恒星が存在すると言われているので、惑星も同数程度は存在していると考えられる。これだけたくさんの惑星が存在するなら、その中に偶然、生命の生存に適した条件を満たす惑星があることは不思議ではなく、むしろ必然だと言える。生命が実際に存在している惑星、つまり地球が生命の存在に必要な条件を満たしているのはむしろ当然のことなのだ。

宇宙が無数にあれば微調整問題は解決

この考え方をマルチバース（無数の泡宇宙）に適用してみよう。永久インフレーションによって無数の泡宇宙が誕生し、それぞれの宇宙は物理定数や物理法則の一部が異なっている。その中には偶然、生命の存在に適した条件を満たした宇宙もあるだろう。そのような宇宙では知的生命が誕生し、やがて科学を発展させ、物理定数などが生命の存在にとってちょうどよく、まるで微調整されているかのようになっていることに気づくかもしれない。もし私たちの宇宙が唯一のものならば、生命の存在に都合よく物理定数が決まっているのは奇跡にしか思えないだろう。しかしさまざまな宇宙が無数に誕生し、私たちの宇宙はその一つにすぎないのならば、微調整されているように見えるのは不思議なことではなく、ある意味で当然のことだと言える。このような考え方は「人間原理」と呼ばれている。

人間原理の考え方は、物理学者や宇宙論の研究者に広く支持されているとまでは言えない。もしかすると、物理定数を今の値にする未知の仕組みがあって、それをまだ私たちが知らないだけかもしれないからだ。そうだとしたら、人間原理によって物理定数の微調整問題が「解決した」と考えることは、それ以上の真理の追究を阻むことにつながるかもしれない。人間原理の考え方に批判的な研究者たちはそのように考えているようだ。物理定数の微調整問題がマルチバース宇宙論と人間原理の考え方によって本当に解決できるのか否か。それは今後の研究の進展にかかっていると言えるだろう。

第6章の要点

- 物理定数や物理法則の一部は、泡宇宙ごとに異なっていると考えられている。
- 私たちが住む泡宇宙のさまざまな物理定数は、生命の存在にとって非常に都合がよい値に〝微調整〟されているように見える。
- クォークどうしを結びつける強い力がほんの少しでも弱かったら、炭素は誕生せず、地球生命は誕生しなかった。
- もし宇宙が無数に存在し、それぞれの宇宙で物理定数が異なっているのなら、物理定数の微調整問題は解決する。

第7章　物理学史上最大の微調整問題

物理学贔屓の私が考える物理学の魅力の一つは、その「予言能力」である。株価の値動きの予想やプロ野球ペナントレースの順位予想などは当たらないことも多いが、物理学の歴史をひもとくと、信じられないような〝予言の的中〟が何度も成し遂げられているのである。

たとえば、太陽系の惑星の一つである海王星はニュートン力学という物理学の理論によってその存在が予言され、望遠鏡による観測で１８４６年に実際に発見されている。海王星より内側をまわる天王星の軌道の観測結果が理論の予想と食い違うことが分かり、重力によって天王星の軌道に影響を与えている未知の惑星の存在が予言されていたのである。

未知の素粒子の存在が理論によって予言され、その後、実際に発見された事例もある。有名なのは、陽電子（反電子）の発見だ。陽電子は電子とまったく同じ質量をもち、電子と正反対のプラスの電荷を帯びた素粒子である。物理学者ポール・ディラック（１９０２～１９８４）がその存在を理論的に予言し、１９３２年に宇宙線（宇宙由来の放射線）の中に陽電子が含まれていることが実際に確かめられたのである。

　このように、物理学は時に驚くべき予言能力を示すのだが、あるエネルギーの値について、理論の予言と実際の観測結果が著しく異なるという事例が見つかり、今も物理学者たちを大いに悩ませている。それが本章で取り上げる「ダークエネルギー」である。実はこの問題をきっかけにして、マルチバース宇宙論に対する注目度が近年、非常に高まっているのである。

遠くの宇宙の膨張速度を調べよ！

ダークエネルギーとは、「宇宙の膨張を加速させている、空間に満ちた謎のエネルギー」のことだ。宇宙の加速度的な膨張の話は、すでに何度も登場している。それは私たちの宇宙を生んだ「インフレーション」である。現在の宇宙でも、インフレーションよりは圧倒的に緩やかだが、膨張の速度が徐々に加速していることが20世紀の終わり頃に明らかになっている。

　宇宙の膨張が加速しているという事実は、多くの宇宙論研究者にとってはかなり意外なことだった。*

ボールを地面から上に向かって投げ上げることを考えよう。投げ上げられたボールは、地球からの重力を受けて地面の方向に引っ張られるので、徐々に減速していく。そして速度がゼロになったところで最高点に達し、その後、ボールは地面に向かって落下していく。宇宙膨張もこれと似ており、宇宙空間に存在するありとあらゆる物質の重力が空間の膨張を引き戻す方向に働くため、徐々に減速していくはずだと考えられていたのだ。

　研究者たちは宇宙の膨張速度の移り変わりについて調べるため、天体までの距離と赤方偏移を数多

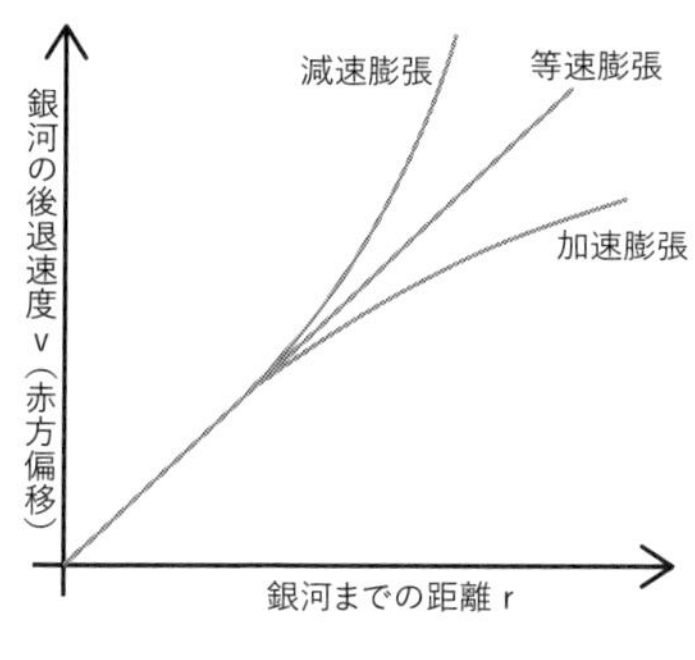

図7－1　横軸を銀河までの距離（値が大きいほど過去に相当）、縦軸を銀河の後退速度とした場合、膨張速度が変わらなければグラフは直線になる。この傾きが宇宙の膨張速度に相当する。この直線から下向きにずれていけば宇宙の膨張は加速していることになり、上向きにずれていけば減速していることになる。

くの天体で観測しようと考えた。赤方偏移とは、天体から放たれた光が地球に届くまでの間に宇宙膨張の影響を受けて波長が伸びることであり、そのような波長の変化量のことも赤方偏移と呼ぶ。

宇宙の観測において「遠くは過去」である。光の速度は秒速30万キロメートルと、とてつもない速さではあるが有限であり、地球に届くまでには時間を要するからだ。つまり天体までの距離を測ることは、その天体の姿がどのくらい過去の姿なのかを知ることにもつながる。

第3章で見たように、エドウィン・ハッブルはさまざまな距離にある銀河の速度の観測結果から、「銀河の後退速度（赤方偏移の量）は、銀河までの距離に比例する」ということを明らかにした（ハッブル－ルメートルの法則）。銀河の後退速度をv、銀河までの距離をrとすると、この法則は「$v = H_0 r$」と表すことができる。H_0は「ハッブル定数」と呼ばれる比例定数で、現在の宇宙の膨張速度に相当する。ハッブルらが観測したのは、私たちが住む天の川銀河から比較的近い場所にある銀河（つまり現在に近い銀河の姿）だったため、「現在」の宇宙の膨張速度が求められたわけだ。

もし宇宙の膨張速度が一定ではないなら、遠くの銀河（過去の姿）を調べれば、この比例関係からのずれが見つかるはずだ。距離rを横軸、銀河の後退速度vを縦軸にしてグラフにした場合、そのグラフの傾きが宇宙の膨張速度に対応する（**図7–1**）。宇宙の膨張が減速していたら（過去の方が膨張速度が大きかったら）、グラフはrが大きくなるほど傾きが大きくなり、逆に膨張が加速していたら（過去の方が膨張速度が小さかったら）、グラフはrが大きくなるほど傾きが小さくなることになる。

遠くの宇宙までの距離は「Ia型超新星」を使って測る

宇宙の膨張速度を調べることは一見簡単に思えるかもしれないが、実はかなり難しい。第3章でも述べた通り、銀河までの距離を正確に推定することが難しいからだ。遠くにある天体ほど見かけの明るさは暗くなっていくので、もし本当の明るさ（絶対等級）が分かっていれば、見かけの明るさとの差から距離を推定することができる。[*] しかし、本当の明るさを精度よく推定できる天体はそう多くない。

ハッブルはセファイド変光星と呼ばれる、本当の明るさが精度よく推定できる天体などを使って銀河までの距離を推定したが、セファイド変光星は一つの恒星にすぎないので、距離が遠くなると見かけの明るさが暗くなりすぎてしまい、観測できなくなっていく。宇宙の膨張速度の歴史を調べるには非常に遠く（過去）まで観測する必要があるため、本当の明るさが分かっている、極めて明るい天体が必要になる。

そこで使われたのが「Ia型超新星」と呼ばれる天体の爆発現象だ。どのIa型超新星も、最大の明るさになったときの絶対等級がほぼ同じなので、距離の推定に使えるのである。どのIa型超新星も完全に同じ明るさとまでは言えないのだが、詳しい観測によってその補正を行うこともできる。

超新星とは星の爆発現象であり、超新星爆発とも呼ばれ、いくつかのタイプがある。一つまたは二つの星による爆発であるにもかかわらず、一時的に極めて明るく輝き、その明るさは数百億〜数千億の恒星からなる銀河の明るさに匹敵する。元は肉眼で見えないような暗い星が突然明るくなるので、夜空に新しい星が現れたように見える。そのため、「極めて明るい新しい星」という意味で超新星（supernova）と呼ばれるのである（なお、新星〔nova〕と呼ばれる規模が小さい別のメカニズムの爆発現象もある）。超新星という名は一見、天体の名前のように思えてしまうが、正しくは天体が起こす「現象」である。

超新星の中でも、遠い宇宙の距離測定に使われるIa型超新星は「白色矮星」という地球サイズの小

＊（１０６頁）　ただし、日本などの宇宙論研究者の間では、銀河の分布の研究などから、もっと早くから宇宙の膨張が加速している可能性が注目されていたそうだ（参考：須藤靖「宇宙の加速膨張：宇宙定数か、ダークエネルギーか」『日本物理学会誌』２０１４年第69巻第7号、松原隆彦『なぜか宇宙はちょうどいい――この世界を創った奇跡のパラメータ22』）。

＊　遠くの天体の見かけの明るさは、その天体と地球との間に光を吸収する塵がある場合や、重力レンズ効果（天体の周囲の空間の曲がりがレンズのように作用し、光を曲げる現象）を起こす天体がある場合などには変化しうる。また、宇宙の曲がり具合（曲率）によっても天体の見かけの明るさは変化する。曲率が正（球面のような曲がり方）なら宇宙が平ら（曲率がゼロ）な場合に比べて明るく見え、曲率が負（馬の鞍のような曲がり方）なら宇宙が平らな場合と比べて暗く見える。Ia型超新星までの距離を見積もるには、これらの影響がないかどうかも調べる必要がある。

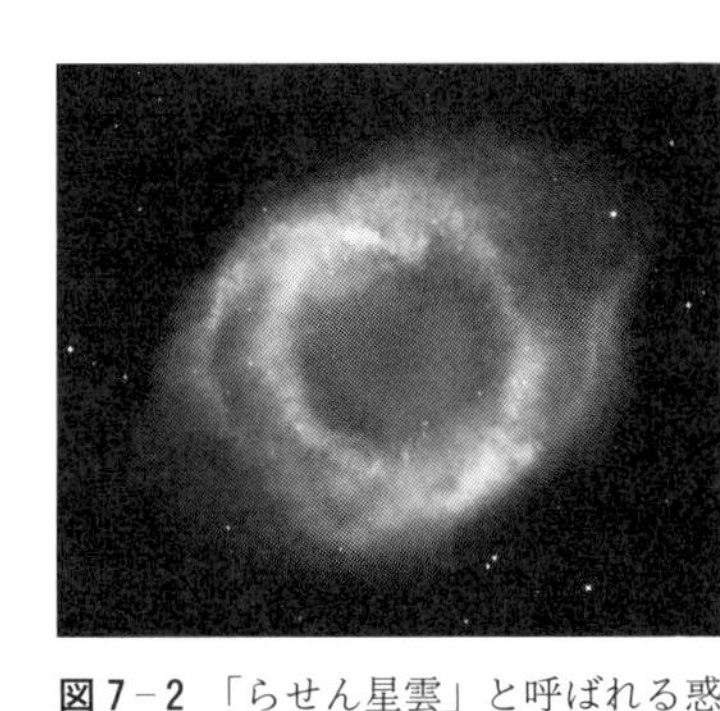

図7－2 「らせん星雲」と呼ばれる惑星状星雲

さな天体が起こす爆発現象である。白色矮星とは、太陽のような比較的軽い（質量の小さい）恒星が生涯を終えた後に残される高密度な天体だ。

太陽の質量の8倍程度未満の恒星は、その晩年に自身のガスを周囲に放出して軽くなっていく。そして最終的に恒星の中心部だけが残って、白色矮星となるのである。白色矮星は核融合反応を起こしておらず、余熱で輝いている天体だと言える。非常に高密度で、1立方センチメートル（1cc）あたりなんと1トンにも達する。

白色矮星の周囲には、元の恒星が放出したガスが分布しており、そのガスは白色矮星が放つ紫外線を受けて輝く。こういった天体は「惑星状星雲」と呼ばれ、さまざまな形状のものがあり、天文ファンにはおなじみの存在だ（**図7－2**）。ちなみに「惑星状」と呼ばれているのは、昔の望遠鏡では、恒星のような点ではなく、広がりをもつ惑星のように見えていたことに由来する。現在の高性能な望遠鏡で撮影された天文写真で見ると、惑星のようには見えない。

白色矮星が実際にどういう過程を経て超新星爆発に至るのかは完全には分かっていないが、白色矮星が別の恒星または白色矮星と連星（互いの周囲をまわりあう天体のペア）を作っているときに起きると考えられている。具体的には、①連星を形成している恒星のガスを白色矮星が重力で引き寄せ、白色矮星の質量が限界値（太陽の質量の約1・4倍）に達したところで急激な核融合反応が起きて爆発するという説（図7－3）と、②白色矮星どうしの連星が合体して爆発するという説（図7－4）がある。近年の研究では、Ia型超新星のメカニズムはこれらのどちらか一方ではなく、どちらのタイプもあるという見方が有力になってきているようだ。

ちなみにIa型超新星は爆発の際に核反応を起こし、鉄の仲間の元素（鉄族元素）などを大量に合成することが分かっている。具体的には、鉄、コバルト、ニッケル、クロム、マンガンなどである。これらが巡り巡って原始の地球の材料となり、私たちはそれを利用しているのだ。建物の鉄骨、車のボディ、キッチンのステンレス製のシンク、スプーンやフォーク、ナイフなど、身のまわりの鉄製品は

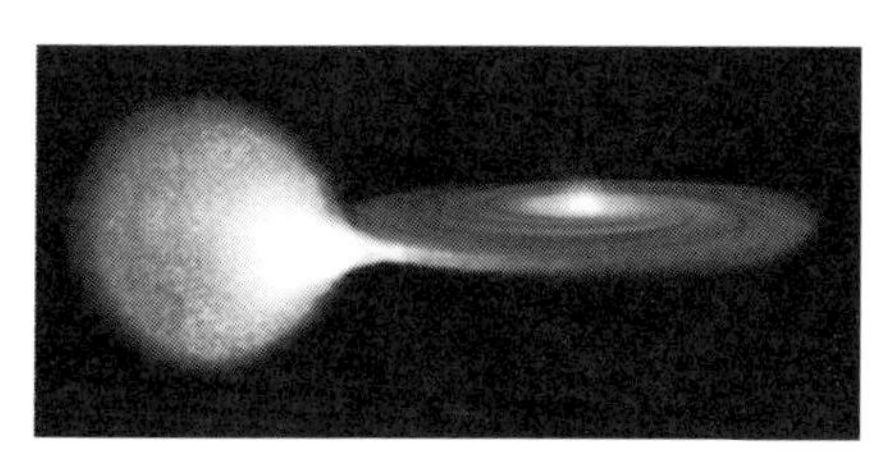

図7－3　右側の円盤の中心に白色矮星があり、左側の恒星から重力によってガスを引き寄せている。白色矮星の質量が限界値（チャンドラセカール限界）に達すると、Ia型超新星爆発を起こすと考えられている。

図7－4　白色矮星の連星の想像図。最終的に合体し、Ia型超新星爆発を起こすと考えられている。

Ia型超新星の賜物なのである。

二つの独立したチームによる加速膨張の発見

話を宇宙膨張に戻そう。20世紀の終わり頃、Ia型超新星を使って宇宙膨張の変化の歴史を調べようと、二つのグループが観測を開始した。１９８８年に発足したアメリカのソール・パールムッターのグループと、１９９５年に発足したオーストラリアのブライアン・シュミットのグループである。

Ia型超新星は一つの銀河で数百年に1回しか起きない稀な現象なので、見つけるためには多数の銀河を観測する必要がある。両グループは高感度のセンサーを使って、夜空の広い範囲を継続的に観測し、明るさが変化する天体を探した。ただしIa型超新星以外にも明るさが変化する天体はたくさんあるので、その中からIa型超新星の特徴をもった天体をさらに探し出す必要がある。Ia型超新星らしき天体が見つかったら、すぐにその天体を詳しく追加観測し、明るさの変化の仕方を調べ、距離を見積もり、赤方偏移（どれだけ光の波長が伸びているか）を調べる。なかなか根気のいる研究だ。

以上のような観測によって、１９９０年代末に宇宙の膨張速度は加速していることが明らかになった。その後、加速膨張はさらに他の天文観測によっても確かめられており、現在ではほぼ疑いようのない事実だとみなされている。それらを受け、宇宙の加速膨張を発見した研究グループを主導したパールムッターとシュミット、そしてシュミットと同じグループのアダム・リースは、２０１１年のノーベル物理学賞を受賞している。

ダークエネルギーは空間が膨張すると、その分だけ増える！

宇宙が加速膨張しているとして、その加速膨張は何が引き起こしているのだろうか？　銀河などの普通の物質の重力は、宇宙の膨張を減速させる方向に作用する。宇宙の膨張を加速させるには、普通の物質が及ぼす引力的な重力ではなく、反発力（斥力）に相当する重力を及ぼす何かが必要だ。実は、宇宙論の基礎となっている一般相対性理論の産みの親、アインシュタインがそのような性質をもつものの存在をある意味、予言していた。

アインシュタインは、一般相対性理論に基づいて考えると、物質の重力によって宇宙が収縮を始めてしまうことに気づいた。宇宙は永遠不変で膨張も収縮もしない「静的なもの」であるはずだと彼は考えていたため、一般相対性理論の基礎方程式であるアインシュタイン方程式に、空間を押し広げる作用をもつ定数を書き加えることにした。そうすることで、空間を縮めようとする作用と、空間を広げようとする作用が打ち消しあうようにしたのだ。

アインシュタインはこの定数を加えることによって、ある意味、意図的に膨張も収縮もしない静的な宇宙の数学的モデルを導き出したのである。この定数は「宇宙定数」と呼ばれている。宇宙定数は、定数なので宇宙のどこでも、宇宙のどの時代でも一定（時間や場所に依存しない定数）の値を取ることになる。

しかしその後、ハッブルらによって宇宙は膨張していることが発見され、宇宙が静的ではなく動的であることが明らかになる。そのためアインシュタインは宇宙定数についての主張を撤回し、アインシュタイン方程式から宇宙定数を取り除くことになった。

ところがさらに数十年の時を経て、1990年代末、前述した二つの独立したグループから「宇宙の膨張は加速している」とする観測結果が発表された。すると、にわかに宇宙定数がふたたび脚光を浴びることになる。アインシュタイン方程式にはやはり宇宙定数が必要だったのだ。

ところで宇宙定数とは、実際にはいったい何なのだろうか。普通の物質であれば、重力は引力になるはずなので、宇宙定数のようには振る舞わない。実は宇宙定数は、宇宙空間を満たす何らかのエネルギーを表すものだと考えられている。今のところ正体は不明で、その未知のエネルギーは「ダークエネルギー（暗黒エネルギー）」と呼ばれている。

宇宙論には、ダークエネルギーに似た言葉として、「ダークマター（暗黒物質）」という、目には見えない未知の物質も登場する。ダークマターはあくまで「物質」なので、周囲に引力としての重力を及ぼす。普通の物質と同じように、宇宙に濃淡をもって存在しており、銀河や銀河団、銀河の大規模構造を包み込むようにして分布していると考えられている（詳しくは章末のコラムを参照）。

一方、ダークエネルギーは、宇宙空間に一様に分布していると考えられている。つまり、濃淡がなく、一定の密度でのっぺりと空間を満たしているのだ。

宇宙定数（＝ダークエネルギー）は場所にも時間にも依存せず一定だと述べたが、宇宙が膨張していることを踏まえると、ダークエネルギーは宇宙が膨張しても一定の密度を保つということになる。これはとても奇妙だ。普通の物質やダークマターは、空間が膨張すれば（空間の体積が増えれば）密度は減る。「密度＝質量÷体積」だからだ。つまり、ダークエネルギーは空間が膨張すれば、その分だけ増えるということになる。ダークエネルギーは空間自体がもつ（空間自体に付随した）エネルギーなのである。これは第4章で取り上げた、インフレーションを引き起こしたインフラトン場のエネルギーと共通した性質だと言える。

真空はエネルギーをもっている

ダークエネルギーの正体はいまだ不明だが、有力な候補として「真空のエネルギー」が考えられている。

真空とは本来、空間から物質を取り除いた〝空っぽ〟の空間のことを指す。しかし、あらゆるものは常に揺らいでいると考える量子論によると、真空も常に揺らいでおり、空っぽのままではいられない。空間をミクロなスケールでのぞいて見ると、短い時間スケールでは、さまざまな素粒子（光子や電子・陽電子など）が生まれては消えるということを繰り返していると考えられているのだ。これらはほんの一瞬しか存在できないはかない存在であり、仮想粒子（バーチャル粒子）と呼ばれている。このような仮想粒子の存在によって、真空はエネルギーをもつようになるのである。

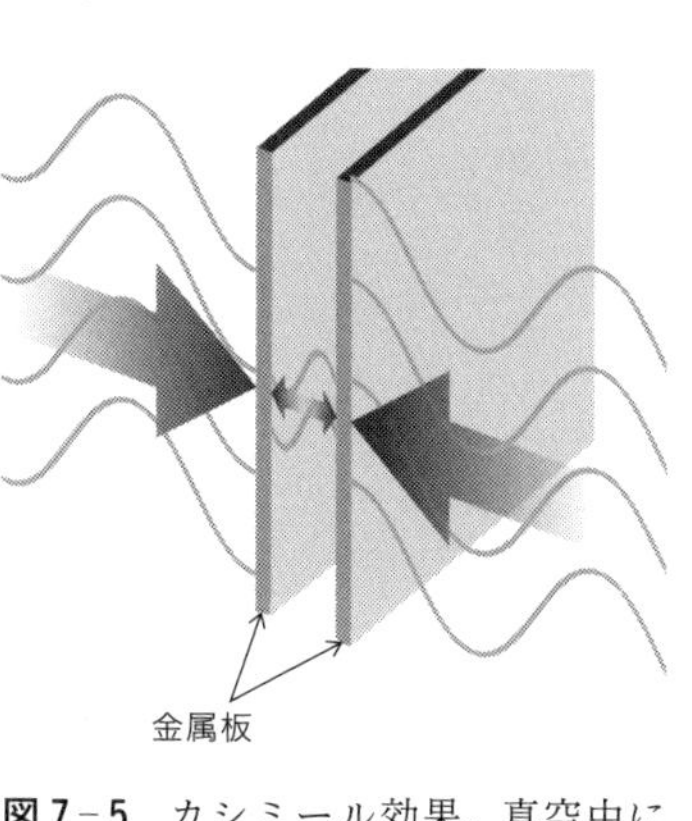

図7－5　カシミール効果。真空中に少し離して置かれた2枚の金属板が引き合う現象。

仮想粒子は通常の実験では検出できないが、「カシミール効果」と呼ばれる現象の観測によって、間接的にその存在が実証されている。カシミール効果とは、真空中にわずかに離して置かれた2枚の金属板が引き合う現象である（**図7－5**）。

2枚の金属板に挟まれた領域は、金属板に邪魔されて存在できる仮想粒子に制約が生じ、数が少なくなる。[*]その結果、仮想粒子による圧力が金属板の間の空間では弱くなり、金属板が接近する方向に力が生じるわけだ。カシミール効果は真空がエネルギーをもっていることを示している。

カシミール効果は1948年にオランダの物理学者ヘンドリック・カシミール（1909～2000）によって理論的に予言され、1997年にアメリカの物理学者スティーブ・ラモローによって実験で確かめられている。

理論値と観測値の史上最大の不一致

では実際に真空はどのくらいのエネルギーをもっているのだろうか？　量子論に基づいて真空のエネルギーとして妥当な値を計算してみると、宇宙の加速膨張を引き起こしているダークエネルギーと比べて、なんと120桁程度も大きい値になってしまうことが分かっている。120倍ではない。120桁である。1兆倍（10^{12}倍）は12桁の違いに当たるので、120桁の違いとは、1兆倍の1兆倍の1兆倍の1兆倍の1兆倍の1兆倍の1兆倍の1兆倍の1兆倍の1兆倍（1兆を掛けるという計算を10回繰り返す）ということになる。

ダークエネルギーの値は天文観測に基づいて求められたものなので、理論予想値と観測値が120桁も食い違っていることになる。これは物理学における理論と観測の史上最大の不一致だとみなされている。

このような食い違いに加えて、物理学者たちは、ダークエネルギーの観測値が極めて小さい値ながらもゼロではないことにも戸惑った。真空のエネルギーを理論予想値よりも劇的に小さくする何らかの仕組みが仮にあった場合、もっとも自然なのは真空のエネルギーの値を完全に相殺してゼロにするようなものだと考えられるからだ。

たとえば、静電気を考えてみよう。乾燥した冬のある日、あなたの体は知らぬ間に大量の静電気を帯びていた。そして金属製のドアノブを触ったときにビリッと電気が走って驚いてしまう。そんな経験は誰にでもあるだろう。このとき、あなたの体に蓄えられていた大量の静電気は何もないところから生じたのだろうか？　そんなはずはない。あなたの体が＋Ｘという量の電気を帯びていたとしたら、どこかにちょうどそれと相殺する、－Ｘの電気が生じているはずである。

あらゆる物質は原子でできており、原子は本来、電気的に中性である。静電気が生じるときには、ある原子のもつ電子が他の原子に移動するということが起きている。つまり、どこかでプラスの電気が生じたら、必ずそれと相殺する大きさのマイナスの電気が生じているのである。

真空のエネルギーもこれと似た話だと考えると、私たちはプラスの電気に相当するものだけを知っ

＊　量子論によると、素粒子は波の性質をもっている。金属板の外側はどんな波長の素粒子でも存在できるが、金属板の間では「定常波」と呼ばれる波しか存在できなくなる。定常波とは、その場で振動するだけの「進まない波」のことだ。両端を固定されたギターの弦も同じように定常波しか存在できないため、特定の高さの音を奏でることができるが、カシミール効果はそれと似た現象だと言える。以上の結果として、金属板の間の空間では、仮想粒子の数が減り、圧力も減ることになる。

ていて、マイナスの電気に相当するものを見落としているということになる。その場合、未知の仕組みが解明されれば、膨大な値に思えた真空のエネルギーはきれいにゼロになるはずだ。しかし、現在までのところそのような仕組みは見つかっていない。また、仮にそのような仕組みがあったとしても、観測されているような極めて小さな値だけをうまい具合に残すには、さらに複雑な仕組みが必要になる。ダークエネルギーの理論予想値と観測値の不一致の問題は〝正攻法〟では解決しそうにないのだ。

なぜダークエネルギーと物質の密度は同程度なのか？

ダークエネルギーの値には、もう一つ奇妙な点がある。

天文観測によると、現在の宇宙のダークエネルギーの密度と物質の密度（原子からなる普通の物質とダークマターの合計）の比は、おおよそ7対3であることが分かっている。* 数倍の差はあるが桁は同じなので、観測されているダークエネルギーの密度と物質の密度は、おおざっぱに言えば〝同程度の値〟だと言える。実はこれもよくよく考えてみれば、非常に奇妙なことなのだ。なぜだろうか？

現在の宇宙は膨張しているので、物質の密度は空間が膨張することで薄まり、その値は小さくなっていく。逆に時間を遡って考えると、私たちの宇宙（泡宇宙）が誕生した直後の物質の密度は、今よりも何桁も何十桁も大きかったことになる。一方で、ダークエネルギーの密度は空間が膨張してもずっと一定だと考えられているので、私たちの宇宙が誕生した直後は、ダークエネルギーの密度は物質の密度と比べて何十桁も小さく、無視できるほどの大きさしかなかったことになる。

それが私たちの宇宙が誕生してから138億年が経った現在、なぜかダークエネルギーと物質の密度は同程度の大きさ（同じくらいの桁）になっている。もしダークエネルギーの密度が今よりも何桁も小さかったら、天文観測でその存在に人類が気づくことは難しかっただろう。

現在のダークエネルギーと物質の密度が同じ程度になるには、私たちの宇宙が誕生する際に、物質の密度と比べて無視できるほど小さな値だったダークエネルギーの密度を極めて細かく微調整する必要がある。そうしないと、宇宙誕生から138億年が経ったときに、両者がちょうどうまい具合に同程度の大きさにはならないからだ。私たちの宇宙が唯一の存在なのだとしたら、これは極めて不自然であり、こんなことはとても起きそうにない。

宇宙が無数に存在すれば、ダークエネルギーの問題は解決

そこで登場するのが、宇宙は無数に存在するという「マルチバース宇宙論」と、前章でも取り上げた「人間原理」である。実はダークエネルギーの値も、生命の存在に非常に都合がよいことが知られているのだ。

ダークエネルギーが今の値よりも数桁大きかったら、宇宙の膨張速度が速くなりすぎて、物質がすぐに薄まってしまい、重力によって物質が集まって銀河や恒星などの構造を作ることができなくなっ

＊　特殊相対性理論によると、物質の質量とエネルギーは等価であり、物質の質量をエネルギーに変えることもできるし、エネルギーを物質の質量に変えることもできる。このことは$E = mc^2$という有名な等式で表される（Eはエネルギー、mは質量、cは光速）。ダークエネルギーの密度と物質の密度の比は、物質の質量をこの等式でエネルギーに換算して求めたものである。

てしまう。その結果、地球のような生命を育む惑星も生まれなくなってしまうだろう。

逆にダークエネルギーがゼロを通り越してマイナスの値をもっていたら、ダークエネルギーの作用は宇宙を収縮させる方向に働く。マイナスの値（絶対値）がある程度大きければ、宇宙は誕生してしばらくしたら収縮に転じ、生命を育む前につぶれてしまっていただろう。いわゆる「ビッグクランチ」による宇宙の死だ。

仮に私たちが住む宇宙が唯一の存在であり、宇宙誕生の際に真空のエネルギー（ダークエネルギー）の値がランダムに決まったのだとしたら、１２０桁の値まで取れる中で、生命誕生に都合のよい小さな値が偶然〝選ばれた〟ことになる。これは極めて不自然なことだと言えるだろう。

しかし、もし宇宙が10^{120}個以上存在していたとしたらどうだろう。その中には少ないながらも、私たちの宇宙と同程度の真空のエネルギーをもつ宇宙もあるはずだ。そしてそういった宇宙でのみ生命が誕生し、知的生命がダークエネルギーの存在に気づくのだとしたら、私たちの宇宙の真空のエネルギーが観測されているダークエネルギーの値と同じくらいの値になることは必然だということになる。

このような背景から、宇宙の加速膨張が発見された20世紀末以降、マルチバース宇宙論が脚光を浴びるようになってきたのである。

第7章の要点

・現在の宇宙は加速膨張していることが、天文観測によって明らかになっている。
・宇宙の加速膨張は、真空に満ちた「ダークエネルギー」によって引き起こされていると考えられている。ダークエネルギーの正体は不明だが、「真空のエネルギー」がその有力候補だとみなされている。

・真空のエネルギーを理論的に見積もると、観測によって明らかになっているダークエネルギーの値より１２０桁程度も大きくなってしまう。これは物理学史上最大の理論と観測の不一致だと言われている。

・ダークエネルギーの値（観測値）と、真空のエネルギーの理論値の食い違いは、マルチバース宇宙論と人間原理によって説明がつく。

ダークエネルギーと並ぶ謎の存在「ダークマター」

本文でも簡単に触れたダークマターは、宇宙論において極めて重要な存在なので、もう少し詳しく紹介しておこう。

ダークマター（dark matter）は、日本語では「暗黒物質」と呼ばれることもある正体不明の物質のことである。ダークエネルギーは空間に均一な密度で存在しているが、ダークマターは文字通り物質（matter）なので、何らかの物質粒子でできており、濃淡をもって宇宙空間に存在していると考えられている。

「ダーク」とは、単に「暗い」という意味ではなく、「光では見えない」、つまり「電磁波で直接観測ができない」ということを意味している。現代の天文学では、目に見える可視光線だけでなく、電波、赤外線、紫外線、X線、ガンマ線と、さまざまな電磁波を使って観測が行われているが、ダークマターは、これらのあらゆる電磁波で直接観測することができないとされているのだ。なぜ観測できないかというと、電磁波と一切の相互作用をすることがないと考えられているからだ。つまり電磁波を吸収することもなければ、電磁波を発することもないのである。

ではなぜ見えないのにその存在が確実視されているのだろうか。それはダークマターが周囲に重力を及ぼすからだ。

たとえば、銀河の集団である銀河団にも大量のダークマターが存在すると考えられている。銀河

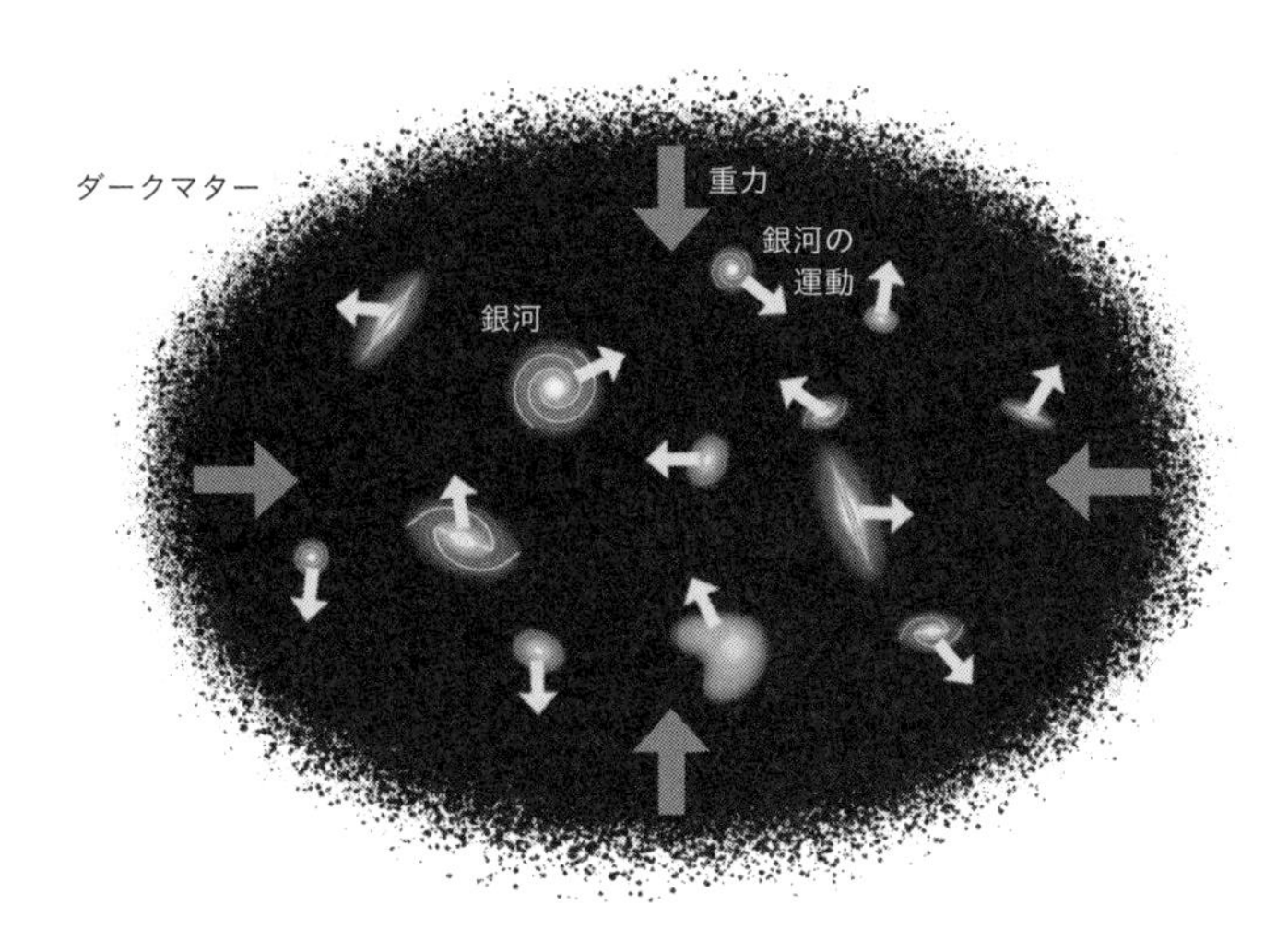

図7－6　銀河団を覆うダークマター

団を構成している個々の銀河はその場にとどまっているわけではなく、さまざまな方向にかなりのスピードで動いている。にもかかわらず銀河が銀河団から飛び出していかず、銀河団がその形を保っていられるのは、銀河団全体の重力によって銀河をつなぎとめているからである（**図7－6**）。

しかし、銀河団に含まれるすべての銀河や、銀河団を満たしているガス（銀河団ガス）など、電磁波で観測可能な質量をすべて足し合わせても、それらによる重力では個々の銀河をつなぎとめるには到底足りないことが分かっている。そのため、銀河団には大量のダークマターが存在するはずだと考えられているのだ。他にもさまざまな天文観測によって、ダークマターが存在することはほぼ確実視されている。

観測可能な領域におけるダークマターの総質量は、原子でできた普通の物質の約5倍にも達していると推定されている。質量だけで考えると、宇宙の主役は普通の物質ではなく、むしろダークマターの方なのだ。

ビッグバン（物質と光の誕生）の後、密度のばらつきが成長して、宇宙の大規模構造や銀河団、銀河などの構造が生まれた（第4章）。実はこれらの構造のもとを作ったのはダークマターだと考えられている。ダークマターの密度の濃淡が先に成長し、密度が高い領域に原子からなる普通の物質が重力で引き寄せられ、宇宙に構造が生まれたようなのだ。

直接検出が試みられるも、いまだ発見には至らず

ダークマターの正体は何なのだろうか。「単なる暗い天体なのではないか」と考えられたこともあったが、さまざまな天文観測結果によって、これらはダークマターの候補から除外されている。ここでいう単なる暗い天体とは、原子からなる普通の物質からできた暗い天体のことで、褐色矮星、中性子星、通常のブラックホール、星間ガス、銀河間ガスなどを指す。褐色矮星とは、軽すぎて核融合反応を起こせなかった自ら輝かない天体である。中性子星とは、主に中性子からなる超高密度な天体である。通常のブラックホールとは、強力な重力で光さえも飲み込んでしまう天体のうち、恒星やガスなどをもとにしてできたもの（後述する原始ブラックホール以外のもの）である。

ダークマターの正体は今もって謎だが、何らかの未知の粒子だとする説が有力視されている。特に、重くて（質量が大きくて）、速度が遅い、他の粒子とほとんど相互作用しない粒子が最有力だとされ、そのような粒子は「ＷＩＭＰ（ウインプ：Weakly Interacting Massive Particle）」と呼ばれている（wimp は英語で「弱虫」を意味する）。なお、ＷＩＭＰは特定の素粒子名ではなく、このような性質をもつ素粒子のグループを指す言葉である。これまで世界各地でＷＩＭＰなどのダークマタ

ーの粒子を検出しようとする実験が行われてきたが、いまだ発見には至っていない。

他には、「原始ブラックホール」も、ダークマターの候補のダークホースとして挙げられている。原始ブラックホールとは、宇宙（泡宇宙）誕生直後に、密度の高い領域が自身の重力でつぶれてできたと考えられているブラックホールだ。原始ブラックホールは、非常に小さなものから天体サイズまで、さまざまな大きさのものが作られた可能性がある。原始ブラックホールの探索もこれまで数多く試みられてきたが、いまだ発見には至っていない。

第8章　超ひも理論が予言する宇宙

私が物理学に興味をもつようになったきっかけの一つは、高校時代に「力学の美しさ」を知ったことだった。

高校で習う力学は「ニュートン力学」とも呼ばれ、三つの基本法則が土台となっている。*私が心を動かされた力学の美しさとは、わずか三つの基本法則でどんな物体の運動でも説明できるという事実だ。公園でキャッチボールをするときのボールの運動も、地球が太陽の周囲をまわるときの運動も、ありとあらゆる物体の運動が基本的にはこれらの三つの法則で説明がつくのである。

このような美しさは力学に限らず、科学の理論全般についても言える。少ない数の基本法則を土台として、より多くの物事を説明できる、そんな理論はどれも「美しい」と言えるだろう。

現代の物理学では、世界を形作っているもっとも基本的な構成要素である素粒子がたくさん登場するが、それらをたった一つの「ひも（弦）」で説明する未完成の理論がある。そんな美しさを感じさせる理論が、本章の主役「超ひも理論（超弦理論）」である。

一般相対性理論と量子論を統合する「超ひも理論」

「宇宙は無数に存在し、それぞれ物理定数が異なっている」と考えると、その中には生命にとって都合のよい条件を備えている宇宙も少ないながら存在するはずだ。それが私たちの宇宙なのだと考えれば、さまざまな物理定数の微調整問題は解決する。これが現在のマルチバース宇宙論の主流の考え方である。では、宇宙ごとに物理定数が異なっているのなら、いったいどのような仕組みでその値は決まっているのだろうか？　実は現在確立している物理学の理論では、物理定数がなぜその値を取っているのかは説明できない。物理定数の値は、実際に測定して知る以外の方法が今のところないのである。

しかし、その仕組みに迫れるかもしれない理論がある。それが超ひも理論だ。超ひも理論は、現代の物理学の土台となっている一般相対性理論（マクロな世界の重力についての理論）と量子論（ミクロな世界の理論）を統合することができるとされている理論である。世界中の数多くの理論物理学者たちが活発に研究しており、「万物の理論」や「究極の理論」と称されることもある。

ただし超ひも理論は未完成の理論だ。現在は近似的な数式で理論が構築されており、その完成には

＊　第1法則は「外から力が加わらないかぎり、静止している物体は静止しつづけ、運動中の物体はその速さと運動の向きを維持する（慣性の法則）」、第2法則は「物体の加速度は、物体に働いている力に比例し、質量に反比例する（運動方程式）」、第3法則は「物体Aが物体Bに力を及ぼすとき、物体Bは物体Aに同じ大きさで正反対の向きの力を及ぼす（作用・反作用の法則）」である。

フェルミ粒子

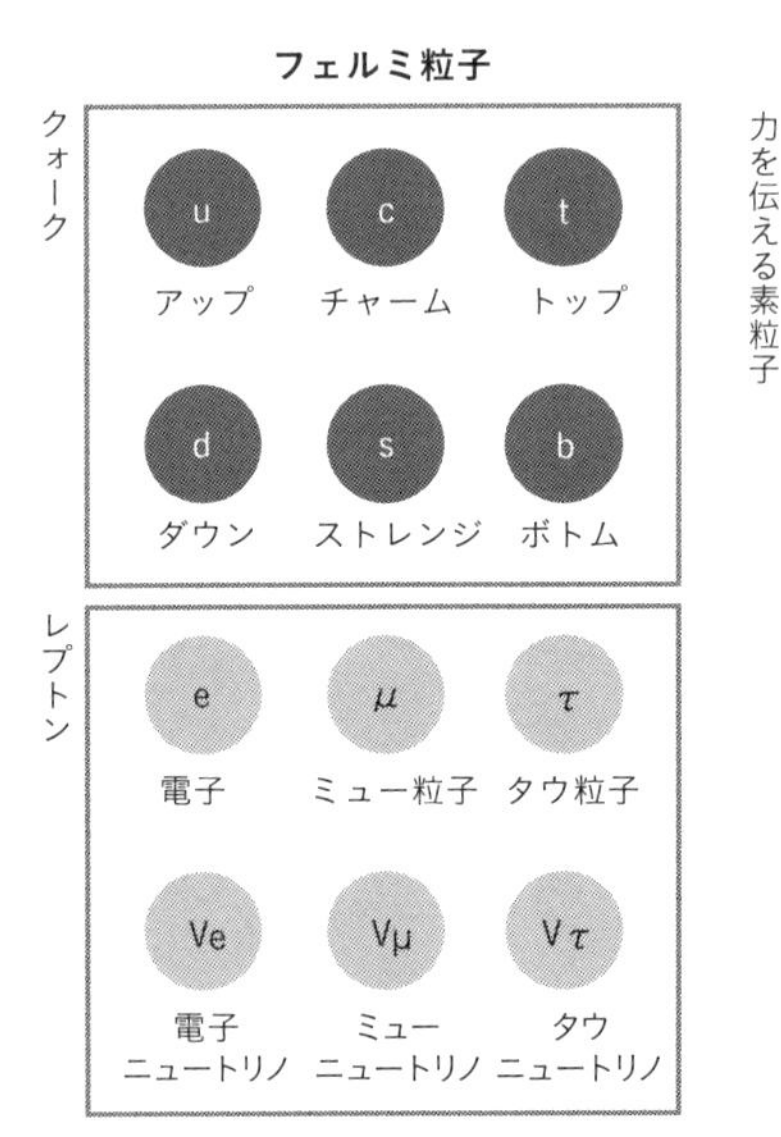

ボース粒子

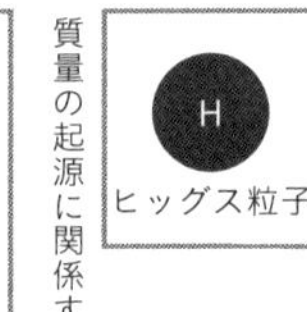

図8－1　素粒子の一覧表

近似を含まない形に理論を整える必要がある。また、実験による検証も当然必要だが、超ひも理論は現在までに実験的な検証ができていない。

そういった限界はあるものの、超ひも理論は一般相対性理論と量子論を統合できる可能性をもつほとんど唯一の理論だとされ、支持している研究者も非常に多い。

以下では、超ひも理論に基づいて、物理定数の値がどのような仕組みで決まると考えられているのかについて見ていこう。

物質を形作っている素粒子の仲間は12種類

身のまわりのあらゆる物質は原子でできているが、原子はこの世界の最小の部品、つまり「素粒子」ではない。素粒子とは、それ以上分割することができないと考えられている粒子のことだ。

原子は、電子とアップクォークとダウンクォークという三つの素粒子でできている。身のまわりのあらゆる物体は、これらの3種類の素粒子でできているのだが、実は自然界には他にもたくさんの種類の素粒子が存在している（図8－1）。

素粒子にどのような種類があるかを駆け足で見ていこう。たくさんの素粒子名や分類名が登場するが、あまり気にせずに読み進めていただきたい。

電子の仲間は「レプトン（軽粒子）」と呼ばれ、6種類存在している。電子に加え、電子と同じマイナスの電気を帯びたミュー粒子（ミューオン）とタウ粒子、そして電気を帯びていない中性の素粒子である電子ニュートリノ、ミューニュートリノ、タウニュートリノである。

クォークの仲間も6種類存在している。アップクォーク、ダウンクォーク、チャームクォーク、ストレンジクォーク、トップクォーク、ボトムクォークの六つだ。

これらは物質を形作っている素粒子の仲間であり、「フェルミ粒子」と呼ばれる粒子に分類される。*物質を形作っている素粒子の仲間は12種類あることになる。

原子を形作っている電子とアップクォークとダウンクォーク以外は、基本的に身のまわりの物質には含まれていない。残りの素粒子のうち、ニュートリノは幽霊のような素粒子で、地球を含むあらゆるものを貫通しながら宇宙を飛び交っている。それ以外の素粒子は宇宙から飛来してくる高エネルギ

＊　フェルミ粒子とは、「スピン」という量が、基準となる値の半整数倍（1/2、3/2、5/2……）の粒子のことである。素粒子が複数集まってできた「複合粒子」のフェルミ粒子もある。

ーの放射線（宇宙線）が大気に衝突する際や素粒子レベルの実験などによって、短い時間だけ生成されることが確認されている。これらの粒子は不安定なので、すぐに他の安定な粒子に変化（崩壊）してしまう。

力を伝える素粒子は5種類

実は素粒子の間に働く力（相互作用）も、素粒子によって伝えられることが分かっている。力を伝える素粒子は、「ボース粒子」と呼ばれるものに分類される。* フェルミ粒子は同じ場所には一つしか存在できないが、ボース粒子は同じ場所にたくさん詰め込むことできるという性質の違いがある。**

素粒子の間に働く力には、「電磁気力」、「弱い力」、「強い力」、そして「重力」の4種類がある。電磁気力を伝える素粒子は、光の素粒子である「光子」だ。弱い力を伝える素粒子は「Wボソン（W粒子）」と「Zボソン（Z粒子）」、強い力を伝える素粒子は「グルーオン」、重力を伝える素粒子は「重力子」と呼ばれている。なお、重力子は実験によって見つかっておらず、理論的にその存在が予想されているという段階である。

電磁気力とは電気と磁気の力のことだ。弱い力は、放射性物質がベータ線（高速の電子）という放射線を発するときなどに働く力である。強い力は、クォークどうしを結びつけ、陽子や中性子を形作っている力である。

重力は、別名「万有引力」とも呼ばれ、天体どうしに働いたり、地球が地上の物体を引っ張ったりする力だ。重力というと天体クラスの大きな物体で働く力というイメージがあるかもしれないが、基本的には質量をもつあらゆる物体の間で働く引力である。

実験的に確かめられているわけではないが、たとえば電子どうしも重力で引き合っていることになる。重力は他の力と比べて極めて弱い。そのため、素粒子間で働く重力は、さまざまな実験結果を説明する際には無視することができる。

重力が弱いと聞いて意外に感じた読者もいるかもしれない。しかし、小さな磁石でクリップを持ち上げられることを考えてもらえば、重力の弱さが実感できるはずだ。この現象は、手のひらに収まる小さな磁石による磁力が、巨大な地球による重力に打ち勝って、易々とクリップを持ち上げているということを意味している。

これらに加えてもう一つ、異色の素粒子である「ヒッグス粒子」がある。ヒッグス粒子は、素粒子の質量の起源に関わっている素粒子だと言える（詳しくは章末のコラムを参照）。

以上をまとめると、素粒子には18種類あることになる。ここまで読んできて、「素粒子の種類って意外に多いな」と思われた読者もいるのではないだろうか。実は、これらに加えて、未発見の素粒子の存在がさらにいくつも予言されている。

特に存在が確実視されているのは、「ダークマター」の素粒子だ。宇宙に大量に存在する目には見

＊　ボース粒子とは、スピンの量が基準となる値の整数倍の粒子のことである。複合粒子のボース粒子もある。

＊＊　より正確に言うと、フェルミ粒子は同じ量子状態（量子論によって記述される状態）を占めることができるのは一つだけであり、ボース粒子は同じ量子状態を多数の粒子が占めることができる。

えないダークマターの総質量は、通常の原子でできた物質の約5倍に達するとされており、その正体は未知の素粒子だとする説が有力である。

あらゆる素粒子は「同じひも」でできている？

素粒子を絵で描く場合、大きさをもった球として表現されることが多いが、実は現在の物理学では素粒子は大きさのない「点」だと考えられている。つまり直径ゼロで体積もゼロだということになる。素粒子が本当に大きさのない点なのかどうかは、実験的には確かめられていない。しかし、さまざまな理論的な計算は素粒子を大きさのない点だとみなして行われている。

これに対して超ひも理論では、「あらゆる素粒子は同じひもでできている」と考える。ひもといってもその長さは極めて短く、10^{-35}メートルほどだと考えられている。原子の大きさが10^{-10}メートルほど、原子核の大きさが10^{-15}メートルほどなので、原子や原子核と比べても圧倒的に小さいことになる。これだけ小さいと、素粒子物理学の実験でも長さがあるようには見えず、点にしか見えない。そのため、物理学者たちはこれまで素粒子が長さをもつひもであることに気づけなかったのかもしれないのである。

ギターなどの弦楽器は、一つの弦からさまざまな音色を生じさせることができるが、超ひも理論でもそれと同じように、ひもが振動の仕方を変えると私たちには異なる素粒子のように見えると考える。前述のようにすでにたくさんの種類の素粒子が見つかっているわけだが、超ひも理論では、これらを1種類のひもで説明することができるのだ。*

この世界には六つの次元が隠れている？

超ひも理論はこの世界についてとんでもない予言をしている。この世界は、本当は「9次元空間」だというのだ。私たちの目に見える空間は、縦・横・高さの三つの方向に広がっている3次元空間のはずだ。しかし超ひも理論が正しいのなら、さらに六つの次元がどこかに隠れていることになる。この隠れた次元は「余剰次元」と呼ばれている。

そもそも空間の次元とは、簡単に言えば「ある物体の位置を特定するのに必要な座標の数」のことだ。x軸、y軸、z軸の3本の座標軸を配置すれば、空間上のあらゆる点はx座標、y座標、z座標の三つの数で表せる。そのため、私たちの住んでいる世界は3次元空間だとされているわけだ。

では、余剰次元はなぜ見えないのだろうか。有力な考え方は、「余剰次元は小さく丸まっているために見えない」というものだ。

細い糸を考えてみよう。遠くから見ている分には、糸の上にいるノミの位置は適当に決めた原点からの距離という一つの数で表すことができる（**図8－2**）。つまり糸は1次元に見える。しかし、糸を拡大していくと、糸には太さがあって、実際は円筒状になっており、ノミはその表面を移動できる

＊　ひもには、両端がある「開いたひも（開弦）」と、両端がくっついて環状になった「閉じたひも（閉弦）」の2種類の状態がある。開いたひもは閉じたひもにもなれるし、閉じたひもは開いたひもにもなれるので、根源的には同じものだと言える。

ことが分かる。ノミの位置を特定するには、横方向の座標に加え、円周上のどこにいるかというもう一つの座標を決める必要があるわけだ。つまり、糸の表面は2次元だということになる。

次元が小さく丸まっていれば、遠くから見ている分にはその存在に気づかない。超ひも理論における余剰次元もそのようなものだと考えられているのである。

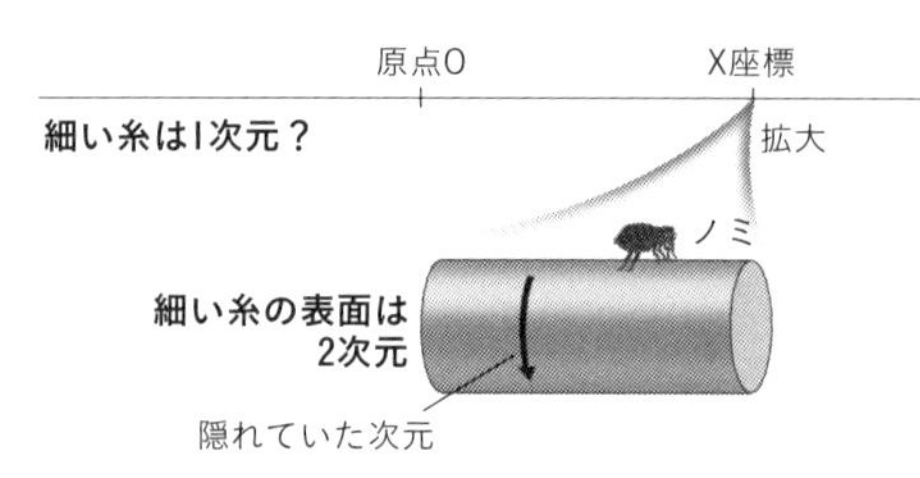

図8－2　細い糸の表面は２次元だと言える

余剰次元をイメージすることは難しいが、糸の例と同じように、余剰次元のうちの一つが小さな円のように丸まっているとしよう。すると、そのような余剰次元は、3次元空間のあらゆる点に円がくっついているというイメージになる（**図8－3上**）。ただし余剰次元は3次元空間の〝外〟に広がっているので、本来は絵に描けない。そこで**図8－3**では、3次元空間を1次元減らして2次元の面として描いている。また、図では、網目の交点の一部のみに円をくっつけているが、実際は交点以外のあらゆる点にも円がくっついていることになる。

余剰次元は、ＳＦで登場する「高次元」や「異次元」とほぼ同じ意味だ（作品によってニュアンスが異なるかもしれないが）。高次元や異次元というと、何やら私たちの住む世界と別の世界の話のように思えるかもしれないが、超ひも理論における余剰次元とは、まさに私たちの住む世界の話である。余剰次元は遠く離れた世界の話ではなく、私たちがいる、まさに「ここ」に隠れていることになる。

余剰次元の〝形〟が物理定数の値に影響を与える

ところで次元が「丸まっている」とは結局どういう意味なのだろうか？　糸の上のノミの例で考えてみると、円周方向に一定距離進むと元の位置に戻ってくることが分かる。このようにある距離進むと元の位置に戻ってくるような次元を「丸まっている」と表現するのである。これは第2章で登場した「昔のロールプレイングゲームのマップ」で出てきた話と同じだ。超ひも理論における余剰次元は、これと同じことが極めて小さなスケールで起きていると考えるわけだ。

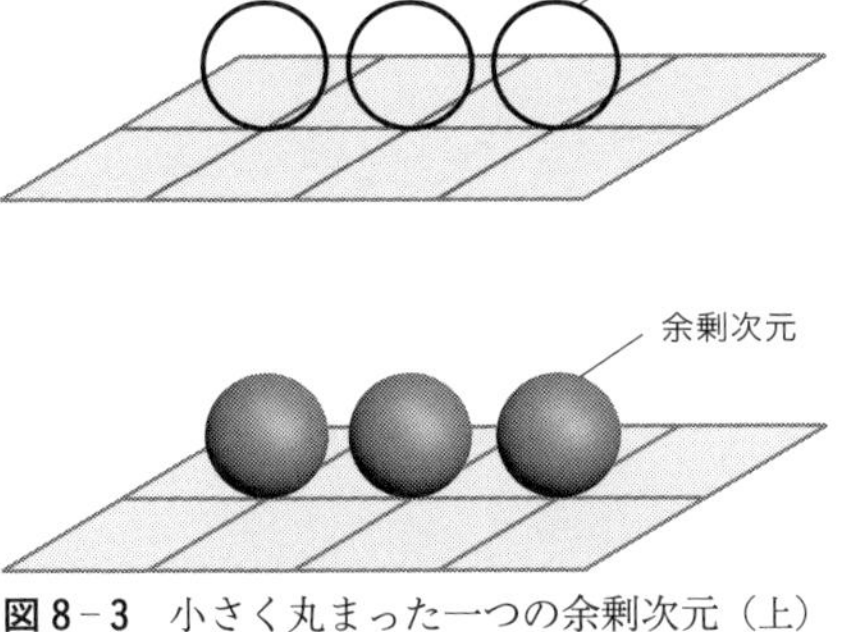

図8－3　小さく丸まった一つの余剰次元（上）と小さく丸まった二つの余剰次元（下）。なお、図の平面は3次元空間を表している（1次元落として2次元の面として描いている）。

余剰次元が二つある場合はどうなるのかというと、3次元空間のあらゆる点に球面のような2次元の面がくっついているイメージになる（**図8－3下**）。ただし、余剰次元の形は球面に限らない。たとえば、ドーナツのように穴があいた形になっている可能性もあるし、穴が二つあいた形になっている可能性もある。余剰次元はさまざまな形を取り得るのである。

前述の通り、超ひも理論では六つの余剰次元を考える。六つの余剰次元の形（6次元の超立体）をそのまま絵にすることは不可能だが、数学を使って記述することはでき、その形にはさまざまなバリエーションがあることが分かっている。

「超ひも理論のランドスケープ」と10^{500}種類の宇宙

超ひも理論と余剰次元の話が長くなってしまったが、これでようやく物理定数の話に戻る準備が整った。実は、この六つの余剰次元の「形」*によって、物理定数が変化すると考えられているのだ。つまり余剰次元の形が変われば、存在する素粒子の種類やその質量、素粒子の間に働く力の種類、そしてそれらの力の強さなどが変わる、ということになる。

たとえば、公園の形が変われば、子どもたちの遊び方も変わるだろう。長方形の公園ではサッカーはできても、野球はやりづらい。六つの余剰次元でできた空間もこれと似ている。余剰次元の形は、ひも（素粒子）の運動の仕方などに影響を及ぼすのだ。

さて、物理定数が余剰次元の形によって決まるとして、私たちの宇宙の余剰次元の形はどのようにして決まったのだろうか。ここで登場するのが、前章の主役でもあった、空っぽの空間に満ちている「真空のエネルギー」である。

真空のエネルギーは、中学校や高校の物理で習う「位置エネルギー」と似ており、なるべく小さな値を取ろうとする性質がある。地球上の物体は、地球の重力の影響によって、高い位置にある方が位置エネルギーが大きい。そのため、物体はなるべく位置エネルギーの小さい方、すなわち低い位置に向けて落下しようとするのである。

真空のエネルギーも物理定数の一つなので、余剰次元の大きさや穴の数などの多数の変数によってその値が変わる。**図8－4**は、そのうちの適当な二つの変数をx軸とy軸にして、真空のエネルギーの大きさをz軸に取って模式的に表したものである。このようにして真空のエネルギーを表した図は、山あり谷ありの複雑な形になる。このような図は、「超ひも理論のランドスケープ」と呼ばれている。

このランドスケープにボールを投げ入れることを考えてみよう。ボールはどこかの斜面に当たって、そこから斜面を転がり落ちることになる。そして最終的には、谷に相当する部分に達してそこで落ち着くことだろう。

宇宙（泡宇宙）の真空のエネルギーの値が決まる仕組みもこれと似ている。宇宙がランドスケープのどこから始まったとしても、いずれ谷に相当する場所で落ち着くことになる。谷にいったん落ち着くと、そこにとらえられ、真空のエネルギーはその値に決まる。谷の座標は、余剰次元の形を決める変数と対応しているので、谷に落ち着くと余剰次元の形も決まることになる。つまりそれぞれの谷は、余剰次元の形や真空のエネルギーの値が異なる別々の宇宙に対応するのである。

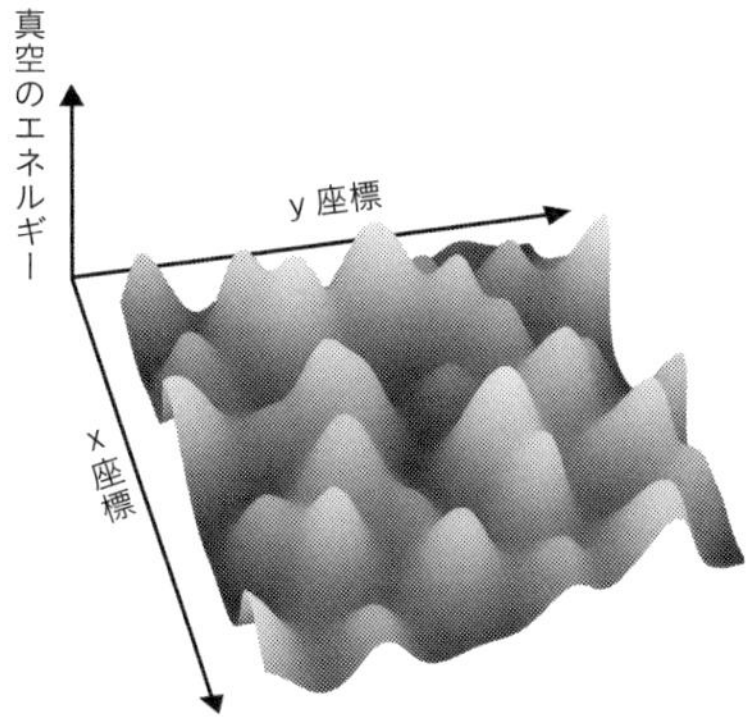

真空のエネルギー
y座標
x座標

図8－4　超ひも理論のランドスケープ

なお、**図8－4**は余剰次元の形を決めるたくさんの変数の中から二つだけを取ってきて描いた概念図だ。実際の超ひも理論のランドスケープは、絵には描けないが**図8－4**の多次元版ということになる。つまり、x軸、y軸だけではなく、多数の座表軸が存在するものになるわけだ。

理論的な研究によると、超ひも理論のランドスケープには、大まかな見積もりとして10^{500}個以上もの谷が存在すると考えられている。つまり、余剰次元の取り得る形や真空のエネルギーには10^{500}種類以上もの選択肢があることになる。10^{500}は、とてつもなく大きな数だ。1兆が10^{12}なので、10^{500}は1兆を約42回掛け合わせた数ということになる。

マルチバースの中で10^{500}種類の泡宇宙が実現する

さてここで、第5章で取り上げた永久インフレーション（宇宙の急激な膨張）に基づいた無数の泡宇宙（マルチバース）の誕生の話を思い出そう。

ランドスケープの谷にいる泡宇宙（谷の座標で決まる余剰次元の形をもっている泡宇宙）のうち、高い真空のエネルギーをもっているものは、インフレーションを起こし、急激に大きくなっていく。この泡宇宙がランドスケープの谷に永遠に落ち着いているなら、話はここで終わりだ。この泡宇宙は永久にインフレーションを続け、そこには星や銀河などの構造は生まれず、生命も生まれないだろう。

ここで重要な役割を果たすのが、第3章でも取り上げた量子論の「トンネル効果」だ。ランドスケープの谷に位置する泡宇宙の一部の領域は、稀にトンネル効果によって山をすり抜け、反対側の斜面に出ることがあるのだ（**図8－5**）。そうすると、その斜面を転がり落ち、近くの別の谷にふたたび落ち着くことになる。

これは元の泡宇宙（真空のエネルギーが高い領域。**図8－5**の左側の谷）の中に、別の泡宇宙（真空のエネルギーが低い領域。**図8－5**の右側の谷）が生じたことに相当する。最初にいた谷と異なる座標の谷に移ったので、そこでは余剰次元の形も異なっていることになる。余剰次元の形が異なっているということは、物理定数も異なるということだ。こうして泡宇宙の中で、物理定数の異なる別の泡宇宙が生じるのである。なお、私たちの泡宇宙はマクロな次元（小さく丸まっていない次元）が三つだが、別の泡宇宙ではマクロな次元の数が異なっている可能性もある。

このようなプロセスは無数の泡宇宙のそれぞれの中で、何度も何度も繰り返されることになる（**図8－6**）。いったんは谷に落ち着いた泡宇宙も、未来永劫その状態が続くわけではない。いずれトンネル効果によって斜面をすり抜け、別の谷に向かって落ちていくことになるからだ。こうして、インフレーションとトンネル効果によって、親宇宙のあちこちに泡宇宙が生まれ、その泡宇宙の中でさらに別の泡宇宙が生まれ……ということが繰り返され、最終的にはランドスケープのすべての谷に相当する泡宇宙が生まれることになる。

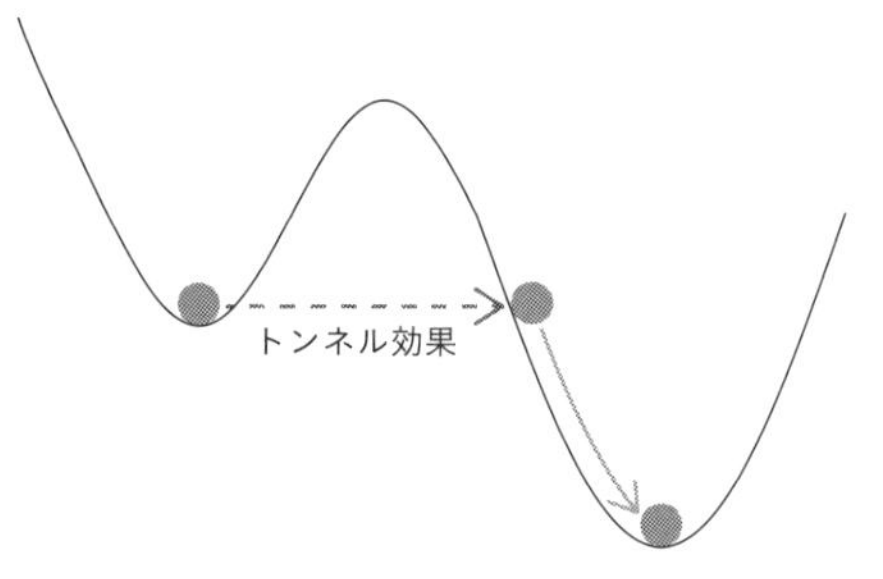

図8－5　トンネル効果。図の球は、ランドスケープ内での座標を表している。初めに真空のエネルギーが高い谷に位置していた泡宇宙は、トンネル効果によって谷を抜け出し、真空のエネルギーがより低い新たな谷で落ち着く。これは泡宇宙の余剰次元の形が変わることを意味する。

こうして、真空のエネルギーの値が異なる10^{500}種類以上の泡宇宙が生まれると、その中には、私たちの住む泡宇宙と同じように、真空のエネルギーの値がゼロよりもほんの少しだけ大きい泡宇宙も含まれるはずだ。また、物理定数が生命にとって都合のよい値を取っている泡宇宙も存在するだろう。そうした泡宇宙の一つ

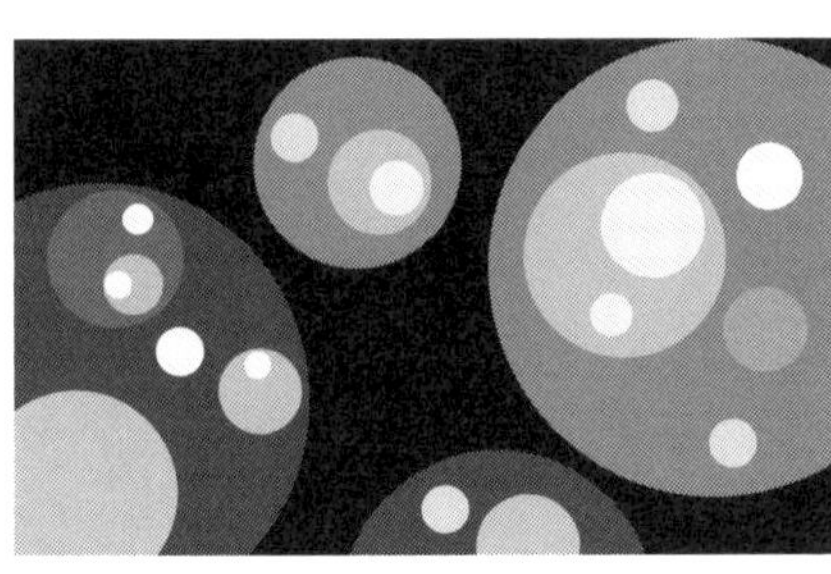

図8－6　多重発生する泡宇宙。図のそれぞれの円が別々の泡宇宙を表している。トンネル効果でランドスケープの谷を抜け出した領域が、泡宇宙の中でさらに別の泡宇宙となる。このような過程が果てしなく繰り返される。なお、トンネル効果によって真空のエネルギーが負の値を取るようになった場合は、泡宇宙は収縮に転じ、いずれつぶれて消滅してしまう。

が私たちの宇宙だということになる。こうして、私たちの宇宙の物理定数の微調整問題が、超ひも理論とマルチバース、そして人間原理の考え方を組み合わせることで解決できることになる。

以上の議論は、超ひも理論とインフレーション理論（の永久インフレーションモデル）に基づいているが、注意しておきたいことは、これらの理論自体がまだ仮説の段階だということである。これらの理論を数多くの物理学者が支持しているのは事実であるものの、今後、実験や天文観測などで検証を行っていく必要がある。これらの検証方法についてはまた後の章で紹介することにしよう。

第8章の要点

・超ひも理論は、あらゆる素粒子の正体を同じひもだと考え、ひもの振動状態が変わると、異なる素粒子に見えると考える。

・超ひも理論は未完成の理論だが、マクロな世界の重力理論である一般相対性理論と、ミクロな世界の理論である量子論を統合する理論の有力候補である。

・超ひも理論によると、この世界は実は9次元空間で、私たちの泡宇宙では六つの余剰次元が隠れていることになる。
・余剰次元はさまざまな形を取ることができ、余剰次元の形が変わると、マクロな空間における物理定数の値が変わる。
・余剰次元の形には10^{500}種類以上のパターンがあるとされており、そのそれぞれで真空のエネルギーの値を含む物理定数の値が異なっていると考えられている。このような考え方は、「超ひも理論のランドスケープ」と呼ばれる。
・超ひも理論のランドスケープと、永久インフレーションによるマルチバースのシナリオ、そして人間原理の考え方を組み合わせると、真空のエネルギーなどの物理定数の微調整問題を解決できる。

＊（136頁）より正確に言うと、余剰次元の中に存在する無数のひもでできた「ブレーン」と呼ばれる物体の数や配置の仕方、「フラックス」と呼ばれる磁力線のようなものの数などによっても物理定数が変わる。本書ではこれらも含めて「余剰次元の形」と表現している。

真空を満たしている「ヒッグス場」

第8章では、物質を形づくっている素粒子の仲間と力を伝える素粒子の仲間を紹介したが、現在の素粒子物理学の基礎となっている標準モデルには、これらとは毛色の違う素粒子がもう一つ登場する。それが素粒子の質量の起源に関わっている「ヒッグス粒子」である。ヒッグス粒子は「神の粒子」と少しおおげさに紹介されることもあるので、その呼び方で聞いたことがあるかもしれない。

ヒッグス粒子は2012年、CERN（ヨーロッパ原子核研究機構）の実験装置LHC（Large Hadron Collider：大型ハドロン衝突型加速器）で実際に発見され、社会的にも大きな話題となった。翌2013年には早速、ヒッグス粒子の存在を理論的に予言していたフランソワ・アングレール（1932〜）とピーター・ヒッグス（1929〜2024）がノーベル物理学賞を受賞している。このスピード受賞は、ヒッグス粒子が現代物理学において極めて重要な存在であることを意味している。

実は素粒子物理学によると、誕生直後の宇宙（私たちの泡宇宙）では、あらゆる素粒子の質量はゼロだったと考えられている。質量がゼロの素粒子は、自然界の最高速度である光速で進む。つまり、宇宙誕生直後はあらゆる素粒子が光速で飛び交うような世界だったのだ。

しかし、すぐに宇宙に大変動が訪れる。インフレーションの終了のときとはまた別の「真空の相転移」が起き、宇宙空間に「ヒッグス場」が満ちるようになったのだ（より正確に述べると、相転移前はヒッグス場の値はゼロだったが、相転移後に有限の値になった)。

ヒッグス場は例えて言うなら、空間を満たす水あめのようなものである。水あめの中にスプーンを入れてかき混ぜようとすると、抵抗を受けるのを感じるだろう。ヒッグス場が満ちた宇宙もそれと似ていて、素粒子がヒッグス場から〝抵抗〟を受けて動きにくくなり、光速未満でしか動けなくなるのだ。これはすなわち、素粒子が質量を獲得したことを意味する。

ただしヒッグス場から受ける抵抗の大きさは、素粒子の種類によって異なる。たとえば、光子はヒッグス場からの抵抗を受けないので、今でも質量はゼロのままだ。一方、トップクォークという素粒子はヒッグス場からの抵抗を強く受けるため、極めて質量が大きく、陽子の質量の180倍ほどにもなる。

なお、ヒッグス場がこの世界のすべての質量を生み出しているわけではない。たとえば、陽子や中性子の質量のうち、ヒッグス場に起因する質量(陽子や中性子を構成しているクォークの質量の単純な合計)は1%程度にすぎない。残りの質量が生み出される仕組みについてもさまざまな研究がなされているが、完全な解明には至っていない。

当初はヒッグス場がインフレーションを起こしたと考えられた

ヒッグス場は、インフレーション理論の誕生とも深く関わっている。実はインフレーション理論の創始者であるアラン・グースと佐藤勝彦は当初、インフレーションを引き起こしたのはある種のヒッグス場だと考えていたのだ。

しかし後に、このような場によるインフレーションでは、実際に起きたビッグバンをうまく説明

図8−7　ヒッグス場とヒッグス粒子。3次元空間に満ちたヒッグス場を1次元落として2次元の面で表現している。

できないことが分かり、このシナリオは廃れてしまうことになる。その後は、第4章でも紹介したように、これらのヒッグス場とは別の「インフラトン場」がインフレーションを引き起こしたと考えられるようになっていった。ただしインフラトン場はインフレーションを起こすためにある意味で恣意的に設定された場であり、存在する証拠は得られていないし、その性質も詳しくは分かっていない。

ヒッグス場とヒッグス粒子の関係

実はヒッグス粒子とは、ヒッグス場に生じた波に相当する（**図8−7**）。これ以上の深入りはしないが、実は素粒子物理学の土台となっている「場の量子論」では、あらゆる素粒子は〝単なる粒〟ではなく、このような場に生じた波だと考えるのである。たとえば、電子は「電子場」に生じた波である。

冒頭ではヒッグス粒子について、「素粒子の質量の起源に関わっている」と、少しまわりくどい表現をしたが、それは、「素粒子の質量を生み出しているヒッグス場に生じた波」がヒッグス粒子だからである。

第9章　パラレルワールドとの深いつながり

『ドラえもん』に登場する数ある「ひみつ道具」の中でどれか一つ手に入るとしたら、あなたは何を選ぶだろうか？　私の第一候補はもちろん「タイムマシン」、第二候補は「どこでもドア」だが、「もしもボックス」も捨てがたい。もしもボックスは電話ボックス型の装置で、電話機に向かって「もしも○○だったら」と話すと、その〝もしもの世界〟が実現するというひみつ道具だ。

たとえば、映画『ドラえもん のび太の魔界大冒険』（１９８４年公開）と、そのリメイク版である『ドラえもん のび太の新魔界大冒険』（２００７年公開）では、のび太はもしもボックスを使って、科学ではなく魔法が発達した世界を作り出してしまう。魔法の世界はいわゆるパラレルワールド（並行世界）であり、もしもボックスをもう一度使って現実の世界に戻ったとしても、魔法の世界は存続し続け、その歴史は続いていくという設定になっている。もしもボックスは、思い通りのパラレルワールドを自由自在に作り出すことができるひみつ道具だと言えるだろう。

実は物理学の世界では、これと似たパラレルワールドの存在可能性が真剣に議論されている。それは量子力学の「多世界解釈」と呼ばれるものだ。多世界解釈によると、「世界は無数に存在する」のだという。

量子力学の多世界解釈と、永久インフレーションに基づいて「宇宙は無数に存在する」と考えるマルチバース宇宙論は一見よく似ているように思えるが、これまではまったく別々のものだと考えられてきた。しかし近年、両者を結びつける新しい考え方が注目を集めている。本章では、多世界解釈とはどういうものなのか、そしてマルチバース宇宙論とどのようにつながっているのかについて紹介していこう。

「未来は決まっている」量子力学誕生前の物理学者たちの世界観

量子力学とは、ミクロな世界の電子や原子、光などの性質を解き明かすために、1900年頃に産声を上げた理論である。量子力学を基礎としたさまざまな理論は量子論とも呼ばれる。

誕生当時、量子力学は非常に革命的な理論であり、それによって物理学者たちの世界観は大きく変わることになった。それまで物理学者たちに支持されていた「決定論的な世界観」を覆したのだ。

決定論的な世界観とは、簡単に言うと「未来は決まっている」という考え方のことである。この考え方は、主に「ニュートン力学」を土台にしている。ニュートン力学とは、アイザック・ニュートン（1642～1727）が確立した物理学の理論であり、物体が力を受けてどのように運動するかを説明する。

たとえば、ボールの遠投を考えてみよう。空気の影響が無視できる場合、最初にボールを投げるときの角度、そして速さ（初速）を決めると、ボールがどのような軌跡を描いて飛んでいき、何メートル先の地面に落下するかが正確に予測できる（図9－1）。つまり、ボールを投げた時点で、ボールの未来はすでに決まっていることになる。実際のボールは、空気抵抗や風などの影響を受けるので、ボールの運動を正確に予測することはそれほど簡単ではないが、もしそのときの空気の状態を正確に知ることができれば、原理的にはボールの運動を正確に予測できるはずだ。

ボールだけではない。たとえば、サイコロを振ってどの目が出るかも原理的には予測できるはずである。サイコロの出る目は「確率的」で、予測できないと普通は考えるが、それはサイコロの状態を正確に知ることが極めて困難だからだ。しかし、サイコロを投げる角度や速さ、回転のかけ方、サイコロとテーブルの間の反発係数（衝突前後で速さがどう変化するかを表す値）、そのときの空気の状態などが正確に分かれば、原理的にはサイコロがどう運動するかはニュートン力学に基づいて正確に予測できるはずなのだ。

ニュートンよりも少し後の時代の物理学者、ピエール＝シモン・ラプラス（1749～1827）は、以上のような考え方をもとにして、「ある瞬間において、宇宙のあらゆる物体の状態（位置や速度など）が分かれば、未来を完全に予測できる」と主張した。ある瞬間における、あらゆる物体の状態を知っている仮想的な存在は、「ラプラスの悪魔」と呼ばれる。ラプラスの悪魔にとってみれば、未来は決まっていることになる。

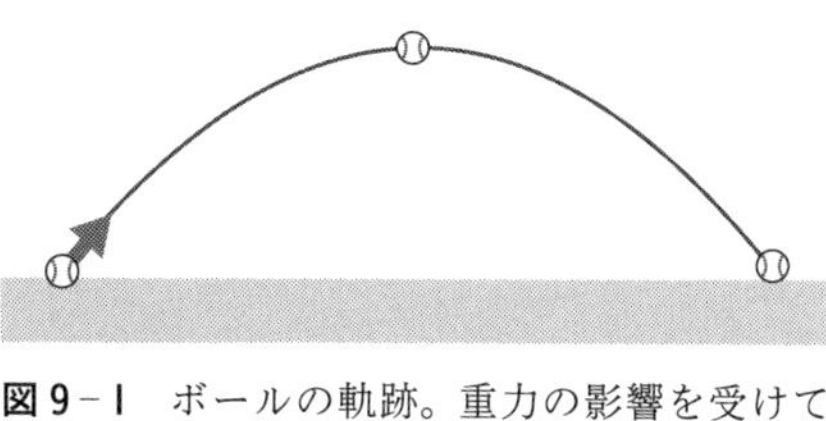

図9－1　ボールの軌跡。重力の影響を受けて放物線を描いて飛んでいく。

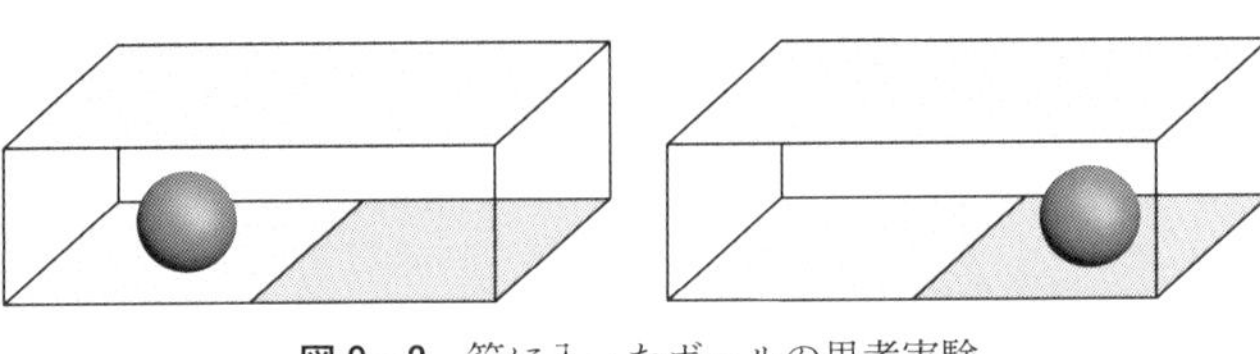

図9−2　箱に入ったボールの思考実験

現在の物体の状態が正確に分かれば、ニュートン力学を使って過去の状態を知ることもできる。たとえば先ほどのボールの遠投の場合、ボールが地面に落下する直前の運動状態を正確に知ることができれば、ボールがどのような軌跡を描いて飛んできたかを時間を遡って知ることもできるのだ。つまり、ラプラスの悪魔にとってみれば、宇宙の歴史は完全なる一本道だということになる。これが、量子力学誕生前の物理学者たちの決定論的な世界観である。

ミクロな粒子は観測するまで位置が決まっていない

量子力学は、この決定論的な世界観を覆した。量子力学によると、ミクロな世界は確率に支配されており、未来を正確に予測することは不可能だとされる。これはどういうことだろうか？

箱に入ったボールを考えよう（**図9−2**）。ボールが箱の中の左半分、または右半分のどちらにあるかは、箱を開けてみないと分からないとする。

これが普通のボール、つまり日常生活で見るようなマクロなサイズのボールであれば、箱を開けたときに左にボールがあれば、それは「箱を開ける前から左にあった」ということになる。

しかしミクロな物体、たとえば電子で同じような実験を行った場合、量子力学では、「箱を開けるまで電子が左右のどちらにいるかは決まっていない」と考える。量子力学で予測できるのは、「左で発見される確率は30％、右で発見される確率は70％」といったように発見確率だけだ。箱を開ける前は、電子が左にいる状態と右にいる状態の「重ね合わせ状態」になっていると考える。そして箱を開けて電子の位置を「観測」した瞬間、電子の位置が確定し、電子は左か右のどちらかに姿を現すことになる。このとき電子がどちらに姿を現すかは偶然によって支配されている。

量子力学について初めて聞いた人からすれば、極めておかしな議論に聞こえるだろう。普通は、「箱を開ける前も、電子は左右のどちらかにあったはずで、それを人間側が分からないだけだ」と考えるのではないだろうか。しかし量子力学によると、この電子について知り得るすべての情報を得たとしても、観測前には電子の位置は決まっておらず、観測によって初めて位置が決まるのである。観測によって初めて決まるというのは、電子の位置だけの話ではなく、運動量（質量×速度）やスピン（自転の勢いに相当する物理量）など、電子が取り得るさまざまな状態についても同様である。

これは哲学的な議論ではない。物理学、つまり科学の話である。「電子の位置などの状態は観測前には決まっておらず、観測によって初めて決まる」ということは、数々の実験で検証され、正しいことが確かめられているのだ。

たとえば「二重スリット実験」と呼ばれる実験では、一つの電子が経路Aを通った状態と、経路Bを通った状態が互いに影響を及ぼしあうことが実験によって確かめられている（図9－3）。二重スリット実験では、電子がどちらか一方の経路しか通っていないと考えると、実験結果をうまく説明できないのだ。[*] マクロな人間なら、最寄り駅からスーパーに寄ってから帰宅するという経路と、最寄り

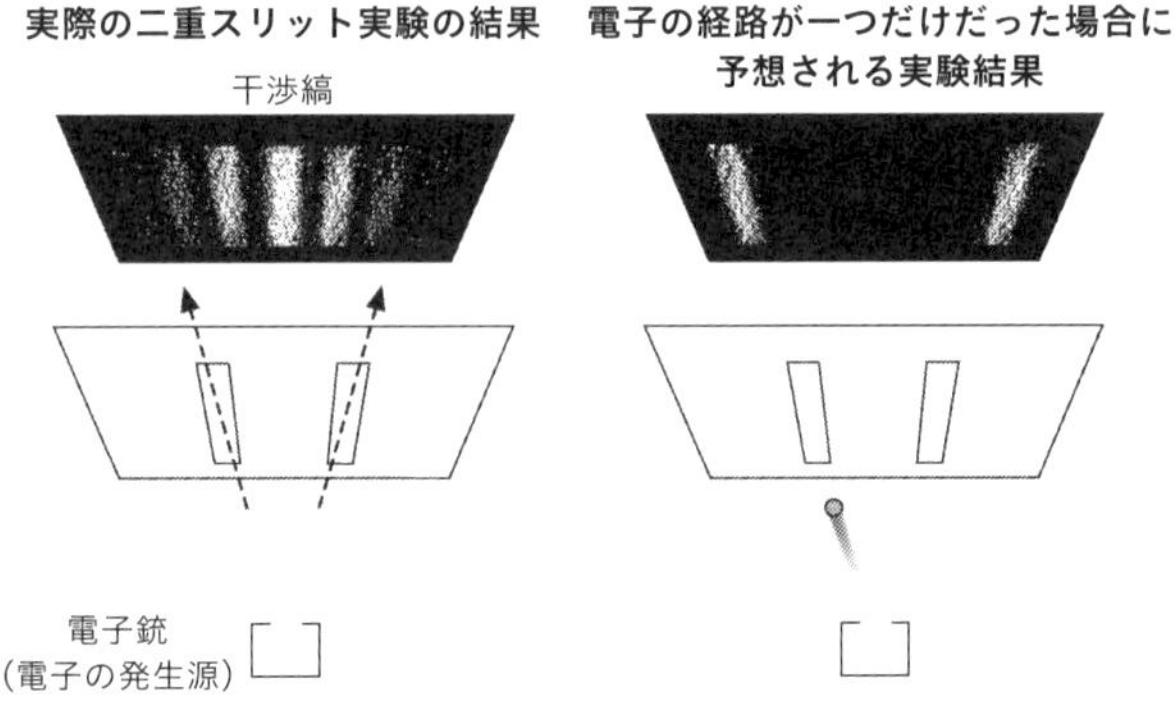

図9－3　二重スリット実験。電子を一つずつ発射できる電子銃を用意し、その先に壁を置く。壁には二つの細い隙間（スリット）をあけ、さらに先にはスクリーンを置く。スクリーンに電子が到達すると、その位置が点として記録される。
この実験で電子を繰り返し発射すると、スクリーンには干渉縞と呼ばれる独特の縞模様が現れる（左）。この実験結果は、観測前（スクリーンに到達する前）の電子は、「左のスリットを通った状態」と「右のスリットを通った状態」の重ね合わせ状態になっていることを意味している。そして、それぞれの状態が影響を及ぼしあう（干渉しあう）ことで、干渉縞が現れるのである。
重ね合わせ状態や干渉が起きないなら、干渉縞は現れず、スクリーンにはスリットの先に２本の帯が現れるだけのはずである（右）。

駅から直接帰宅するという経路を同時に取ることはできない。マクロな物体の経路は一つに決まるはずだ。しかしミクロな粒子はそうではないのである。

この実験で観測される電子は、１回の電子の発射につき一つだけである。にもかかわらず、観測されていない間、電子はあたかも分身の術を使ったかのように複数の状態（位置や経路など）を取ることができ、その分身どうしは互いに影響を及ぼしあう（干渉する）ことができるのである。

観測によって起きる「状態の収縮」

以上をまとめると、観測前の電子は複数の状態を同時に取っており（重ね合わせ状態になっており）、観測することによって一つの状態に確定する。そ

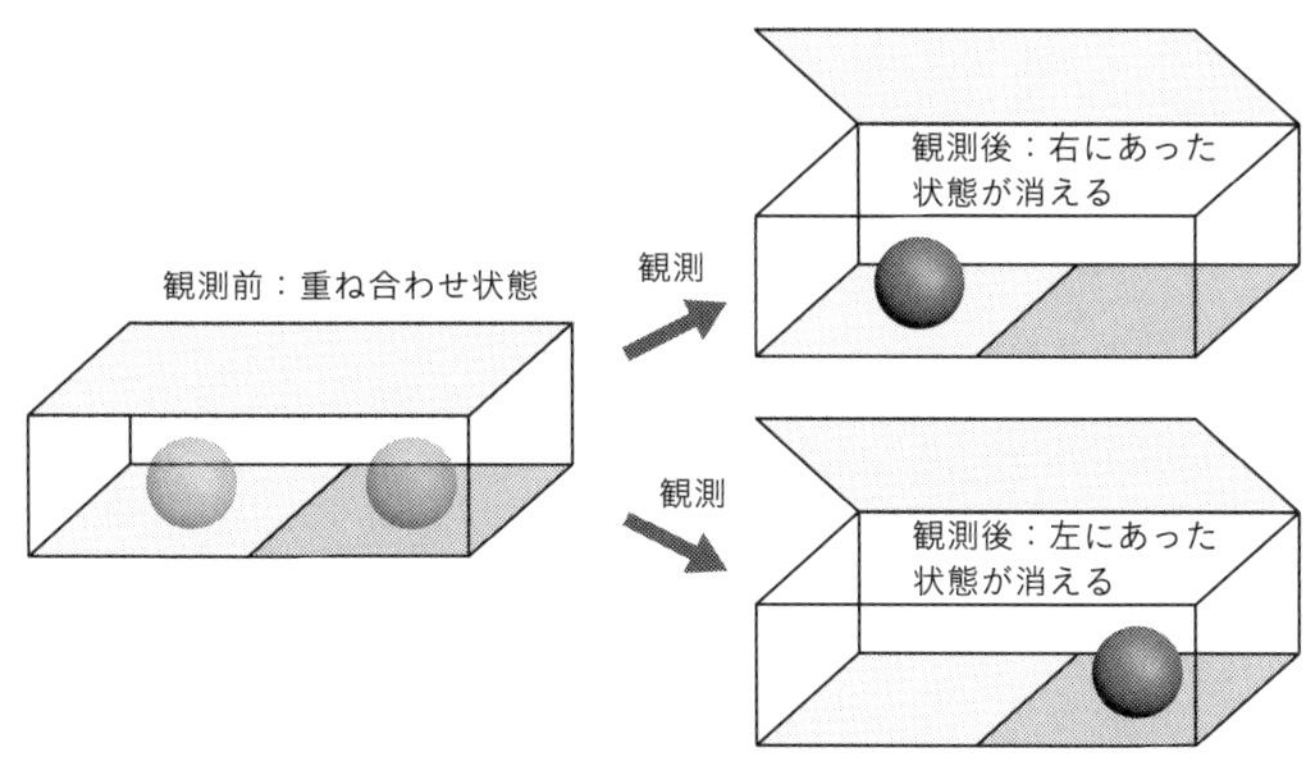

図9－4　観測による状態の収縮

してどの状態が観測されるかはランダムであり、確率によってしか予測できないということになる。このような量子力学の解釈は「コペンハーゲン解釈」と呼ばれる。この名称は解釈の指導的な立場にあったニールス・ボーア（1885～1962）が、デンマークのコペンハーゲンにいたことに由来している。

コペンハーゲン解釈では、たとえば箱の中の電子が左側で観測されたとすると、観測前にあった「電子が右側にあった状態」は消え去ったと考える（**図9－4**）。このように、もともとあった複数の状態が観測によって一つの状態に決まることは「状態の収縮」と呼ばれる。

コペンハーゲン解釈は、当時の物理学者たちの間で大論争を巻き起こした。特に有名なのは、アルベルト・アインシュタインからの反発だ。アインシュタインは量子力学の構築にも多大な貢献をした人物だが、そのアインシュタインがコペンハーゲン解釈を痛烈に批判したのである。アインシュタインは「神はサイコロを振らない」という有名な言葉を残している。サイコロは確率を象徴したものであり、アインシュタインは「自然界は確率に支配されている」と考える量子力学の解釈に、最後まで納得しなかった。

さて、量子力学によると、電子などのミクロな粒子は「シュレーディンガー方程式」に従って運動する。シュレーディンガー方程式を数学的に解くことによって、たとえば電子の状態がどのように時間的に変化していくかを予測することができるのだ。

しかし観測によって起きる状態の収縮は、シュレーディンガー方程式から導くことができない。つまりコペンハーゲン解釈は、シュレーディンガー方程式に「観測によって状態の収縮が起きる」という仮定を足して、ミクロな粒子の観測前後の振る舞いを説明する立場だということになる。

ところで観測とは、いったいどの時点のことを言うのだろうか？　箱の中の電子の場合、光を当てたときだろうか？　それとも電子に当たってはね返った光が検出器と相互作用したときだろうか？　それとも検出器が電子の位置の測定結果を表示してそれを観測者が認識したときだろうか？　このことについては明確な答えは出ていない。ただし、私たちが日常生活で目にするマクロな物体は重ね合わせ状態にはなっていないように見えるので、電子がマクロな物体に影響を及ぼしたどこかの時点で、状態の収縮が起きるのだろうと考えられている。

コペンハーゲン解釈は、現代においても量子力学の標準的な解釈だとされている。ただし、物理学者自身がどの解釈を支持しているかを明確にするケースは（特に日本では）多くないので、昔ながらのコペンハーゲン解釈を支持している物理学者がどれくらいいるのかはよく分からない。*

可能性の数だけパラレルワールドが実在している？

コペンハーゲン解釈が物理学者たちの間で主流になっていった一方で、「状態の収縮は余計な仮定であり、量子力学はシュレーディンガー方程式だけに基づいて考えるべきだ」とする新たな解釈を提唱する物理学者も現れた。１９５７年にその革命的な論文を発表したのは、アメリカ、プリンストン大学の大学院生だったヒュー・エヴェレット３世（１９３０～１９８２）である。エヴェレットの解釈は後にブライス・ドウィット（１９２３～２００４）らによってさらに磨き上げられ、今日では「多世界解釈」と呼ばれている。

コペンハーゲン解釈は、量子力学が適用される電子などのミクロな存在と、観測装置や観測者などのマクロな存在を明確に分ける考え方だとも言える。重ね合わせ状態にあったミクロな物体は、マクロな物体との接触によって状態の収縮が起きると考えるからだ。

一方、多世界解釈はミクロとマクロの区別を考えない。マクロな物体も電子や原子などのミクロな粒子が集まってできているのだから、量子力学の対象とみなすべきだと考えるのだ。そして電子のよ

＊（１４９頁）　もう少し詳しく説明すると、電子は観測前（スクリーンに到達する前）は波として振る舞う。左のスリットを通った電子の波と、右のスリットを通った電子の波が重なり合い（干渉し合い）、強め合ったり弱め合ったりすることで干渉縞が生じる。

＊　近年は、コペンハーゲン解釈に「ベイズ確率（ベイズ統計）」という数学の考え方を取り入れた「量子ベイズ主義（QBism）」も注目を集めている。この解釈では、量子力学に登場する確率を「観測者の主観的な信じる度合い」だと考える。

うなミクロな粒子と、観測装置や観測者を含めた「世界全体」をセットで考える。また、多世界解釈では状態の収縮を考えないので、前述の箱の中の電子の例で言えば、観測後も「電子が左側で発見された状態」と「電子が右側で発見された状態」がどちらも消えずに残ると考える。

しかし実際に実験を行ってみると、観測者は電子を左側に発見するか、右側に発見するかのどちらかである。そこで多世界解釈では、世界が「電子が左側で発見された世界」と「電子が右側で発見された世界」に枝分かれすると考える。「電子が左側で発見された世界」では、検出器のディスプレイは電子が左側にあったことを示し、観測者は電子が左側にあったと認識する。「電子が右側で発見された世界」では、検出器のディスプレイは電子が右側にあったことを示し、観測者は電子が右側にあったと認識する。多世界解釈では、このような二つの世界がともに「実在する」と考えるのだ。そしてこれら二つの世界は、共存し続ける。二つの世界はそれぞれ独自に歴史を紡いでいくことになるわけだ。

多世界解釈によると、このようにして世界は次々と枝分かれしていくことになる。多世界解釈はこういった並行世界、いわゆるパラレルワールドの存在を認める立場なのである（図9－5）。無数の並行世界は、「確率空間」という抽象的な空間の中で共存していると言える。

ＳＦ作品では、複数のパラレルワールドを登場人物が行き来するシーンが描かれることもあるが、残念ながら量子力学の多世界解釈に基づいたパラレルワールドではそのようなことはできない。マクロなレベルで違いが生じて枝分かれした後のパラレルワールドどうしは、事実上、断絶するのだ。枝分かれした世界どうしが互いに影響を及ぼしあう確率（干渉を起こす確率）は、ほぼゼロになるので

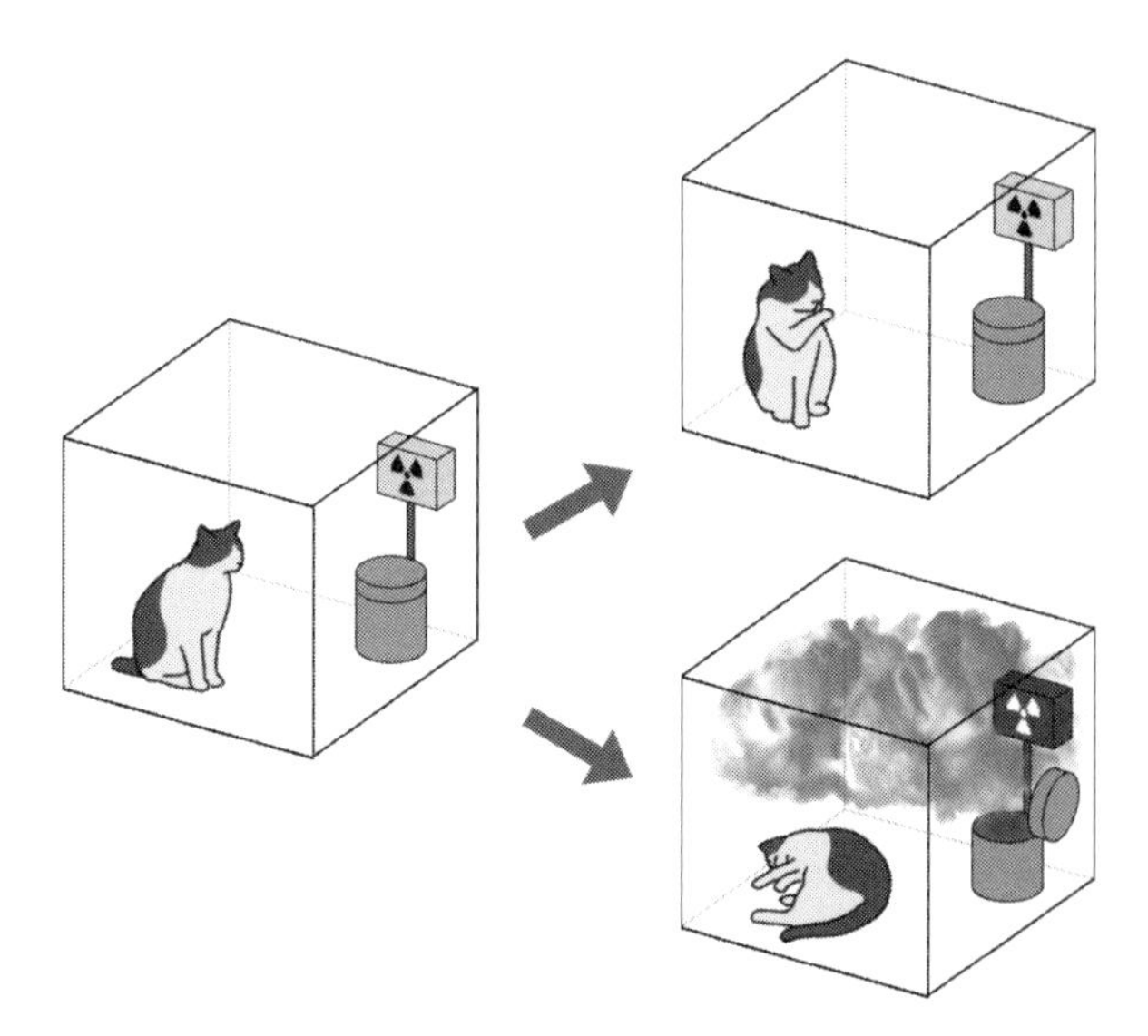

図9−5　枝分かれする世界のイメージ。イラストは「シュレーディンガーの猫」と呼ばれる思考実験を表している。放射線を検知すると、毒ガス発生装置が作動し、猫は死んでしまう（右下の世界）。しかし、放射性物質による放射線の放出は量子力学的な現象なので、多世界解釈によると、放射線が発生せず、猫が生きている世界も同時に実在していることになる（右上の世界）。

ある。

多世界解釈によると、ありえた可能性の数だけ並行世界が存在することになる。あなたとは少し違う人生を歩んでいるあなたもそこにいるかもしれない。ただし、世界が枝分かれするには、その前に量子力学的な重ね合わせ状態が実現している必要がある。私たちの人生にどれだけ量子力学的効果が関わっているのかはよく分かっていないので、実際にどのような並行世界が存在しているのかは明らかではない。*

ちなみに、2020年にノーベル物理学賞を受賞した、著名な数学者で物理学者でもあるロジャー・ペンローズは、私たちの脳の情報処理に量子力学的な効果が関わっているとする「量子脳理論」を提唱している。もしこの考え方と多世界解釈が正しいのなら、私たちが何か判断を行うたびに世界が枝分かれしているのかもしれない。ただし、ペンローズの理論はあくまで仮説の一つであり、広く支持されているとは言えないようだ。

ところで先ほど「量子力学は決定論的な世界観を覆した」と述べたが、実は多世界解釈は広い意味での決定論的な世界観を維持する考え方だと言える。枝分かれする無数の世界を含めた全体で見れば、未来はシュレーディンガー方程式によって決まっていると言えるからだ（**図9－6**）。ただし、個々の世界の観測者からすれば、未来が予測不能であること（自分がどの枝の世界に行くか予測不能であること）に変わりはない。

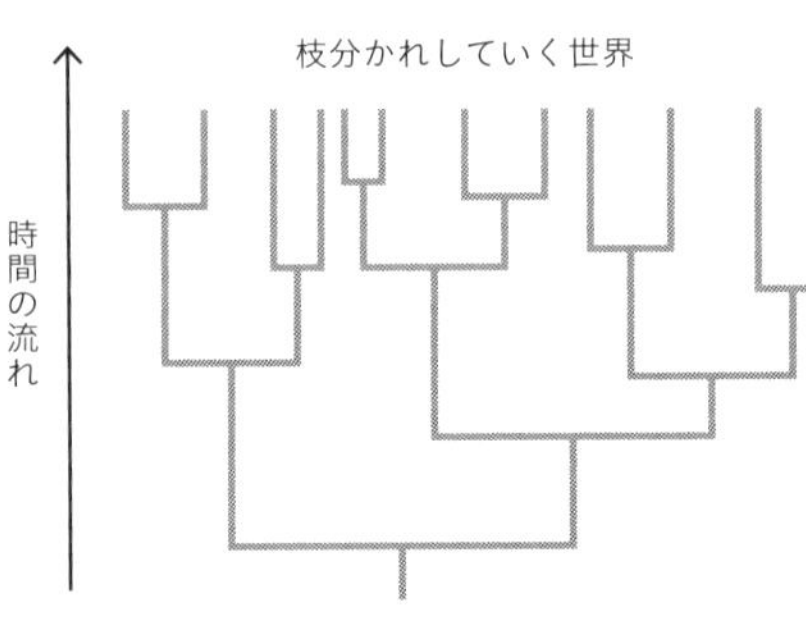

図9－6　多世界解釈に基づいた枝分かれしていく世界の模式図。これらの世界は確率空間の中で共存している。

多世界解釈の最初の論文は大学院生が書いた

エヴェレットが多世界解釈についての論文を書いたとき、彼はまだ大学院生だった。多世界解釈について世界で初めて書かれた論文は、エヴェレットが博士号をもらうために書いたものだったのだ。

エヴェレットの指導教官は、ブラックホールという言葉を世に広めたことでも知られる著名な物理学者ジョン・ホイーラー（１９１１～２００８）だった。エヴェレットの論文はあまりに革新的な内容だったため、ホイーラーとの長く激しい議論を通して、元の4分の1ほどの長さにまで削られ、最終的に博士論文として提出されたものは多世界解釈につながる重要なエッセンスが取り除かれたものになってしまった。そのため、エヴェレットはその論文の内容に満足していなかったと言われている。

短くなった博士論文は同じ1957年、*Reviews of Modern Physics* 誌に掲載されたが、大きな注目を集めることはなかった。失望したエヴェレットは物理学研究の道には進まず、軍事研究の道へと進むことになる。

その後、1973年にドウィットらが *The Many-Worlds Interpretation of Quantum Mechanics*（量子力学の多世界解釈）という本を出版し、その中で短くされる前のエヴェレットの論文を掲載した。こうしてようやく多世界解釈は広く世に知られるようになっていく。

多世界解釈は「観測による状態の収縮」という仮定が不要

物理学者に限らず、科学者たちが何らかの理論を構築していく中で大きな指針とする考え方の一つに「オッカムのかみそり」がある。「ある現象の仕組みを説明するための仮定が少ない理論ほど優れ

＊（155頁）量子力学的な重ね合わせ状態を利用して乱数を発生させる「量子乱数発生器」という装置があるが、これを使えば、異なる人生を歩む複数のあなたを作り出すことができる（多世界解釈が正しければだが）。事前にどんな値が出たらどう行動するかを決めておき、その後、量子乱数発生器に乱数を生成させる。多世界解釈によると、乱数の生成に伴って世界が枝分かれするので、それぞれの世界で異なる行動をするあなたが生じることになる。

ている」という考え方だ。これは14世紀に活躍したイギリスの哲学者オッカム（オッカムのウィリアム）の考え方に由来し、「思考節約の原理」などとも呼ばれる。

たとえば、「初詣で宝くじが当たるように祈ったら、宝くじで100万円が当たった」と誰かが述べたとしよう。この場合、オッカムのかみそりの考え方では、祈ろうが祈るまいが宝くじが当たる可能性はもともとあったのだから、「初詣で宝くじが当たるように祈ったら」という文言は余計であり、ばっさりと切り落とすべきだということになる。

さて、量子力学のコペンハーゲン解釈は、シュレーディンガー方程式に加えて状態の収縮という仮定を必要とする。一方で多世界解釈は状態の収縮を考えない。そのため多世界解釈の支持者からすれば、「この解釈は仮定が少なく、コペンハーゲン解釈より優れた解釈である」ということになる。

しかし、多世界解釈を支持しない物理学者たちからすれば、状態の収縮という仮定を一つ減らせたとしても、無数の並行世界の存在を認めるということには大きな抵抗があるようだ。

量子コンピューターは並行世界を利用している？

多世界解釈は、第3章で紹介したような宇宙誕生の研究と相性がいい。ミクロなサイズの宇宙が「無」から誕生するといったことを理論的に研究する場合、量子力学の効果を考える必要があるが、宇宙の外に観測者はいないので、コペンハーゲン解釈では考えにくいのだ。

一方で、多世界解釈では観測者が必要ないので、宇宙の始まりを量子力学に基づいて考えやすい。実際1980年代には、「「無」からの宇宙創成論」などの宇宙誕生についての研究が活発になり、多世界解釈も脚光を浴びるようになった。

１９８５年に「量子コンピューター」の基礎となる理論を打ち立てたことで知られるデイヴィッド・ドイッチュも多世界解釈の支持者として知られている。ドイッチュは多世界解釈に基づいて量子コンピューターの原理を考案したそうだ。

量子コンピューターとは、重ね合わせ状態などの量子力学的な効果を利用することで、問題によっては従来のコンピューターを圧倒的に上回る速さで計算できる未来のコンピューターである。ドイッチュ流に言えば、「並行世界で分担して計算を行うことで超高速計算を実現している」ということになる。このような量子情報技術の研究は近年活発化しており、その流れで多世界解釈の支持者が増えているとも言われている。

ただし、量子コンピューターの原理はコペンハーゲン解釈などの他の解釈で考えることもできるので、実用化されたとしても、多世界解釈が証明されたことにはならない。

「別の泡宇宙」は確率空間の中に存在する？

さて、本書で取り上げてきた永久インフレーションに基づいたマルチバース宇宙論に登場する「別の泡宇宙（並行宇宙）」は、空間的には私たちが住む泡宇宙とつながっていた。つまり「遠い世界」の話だった。

一方で多世界解釈に登場する「別の世界（並行世界）」は、まさに私たちの目の前の話、つまり「ここ」の話だ。別の世界は目の前にあるはずなのに見えないし、触れもしない。私たちの住む世界とは事実上、関わり合いをもたなくなっているのである。つまり、量子力学の多世界解釈と、永久インフレーションに基づいたマルチバースは本来、別の話だ。

しかし、野村泰紀やレオナルド・サスキンド、ラファエル・ブッソは、2011年頃、多世界解釈とマルチバースがある意味で同じものである可能性をそれぞれ独立に示している。これはいったいどういう意味なのだろうか？

第7章で紹介したように、私たちの宇宙の膨張は加速している。地球からある距離より遠い場所は、地球から見て光速を上回る速度で遠ざかっているが、加速膨張している宇宙ではそういった場所から放たれた光は未来永劫、地球には届かないことになる（**図9－7**）。このような境界面は、宇宙における「事象の地平面（event horizon）」と呼ばれている。*

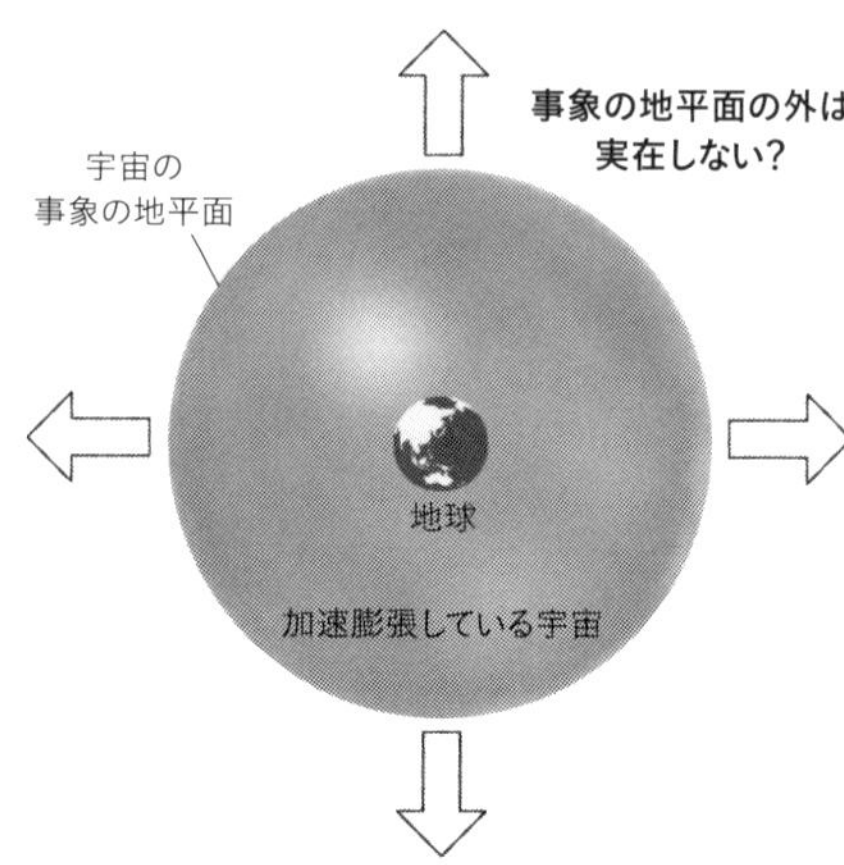

図9－7　宇宙における「事象の地平面」

光速は宇宙の最高速度なので、事象の地平面より外からは、どんな影響も未来永劫、地球には及ばない。野村によると、地球にいる観測者にとって、事象の地平面より外側は単に「私たちと無関係」というだけではなく、「存在しない」ことになる。逆に「存在しない」と考えないと、マルチバースで起きる現象の確率の計算が破綻してしまうのだという。

永久インフレーションを起こしているマルチバースでは、インフレーションが終わらないため、無限の時空が生成される（時空とは、相対性理論に基づいた、一体化した時間と空間のこと）。無限の時空の中では、どんなに起きる確率が低い現象でも無限回起きる。ある事象Aが起きる確率は、「事象Aが起きる回数÷全体の回数」で計算されるが、無限の大きさをもつマルチバースでは、この分母も分子も無限大になってしまい、計算不能になってしまうのだ。[**]

　しかし、「事象の地平面より外側は存在しない」という考え方が正しければ、これまでに紹介してきたマルチバース、すなわち無数の宇宙が存在しないことになってしまう。無数の宇宙が存在しないと、第6章と第7章で紹介した「物理定数の微調整問題」も解決できなくなる。

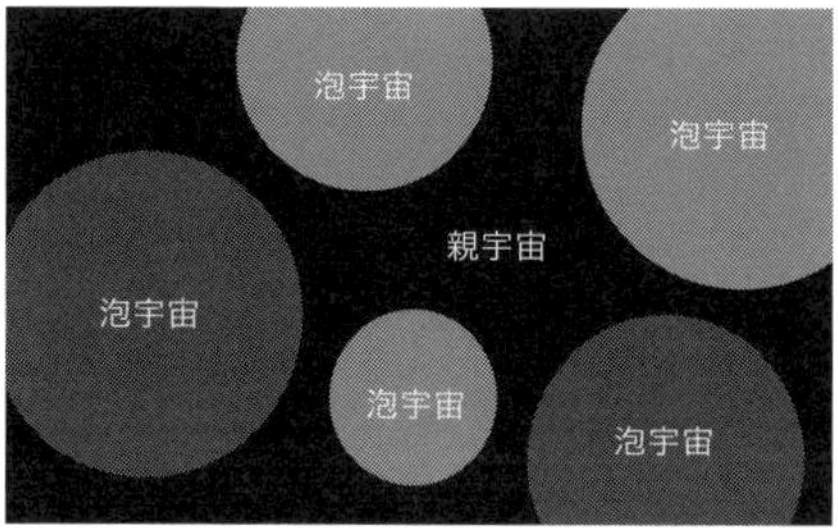

図9－8　従来のマルチバースのイメージ。親宇宙（黒色の領域）の中のあちこちで、トンネル効果によって泡宇宙（灰色の領域）が生じる。

　ここで登場するのが量子力学の多世界解釈だ。野村によると、無数の宇宙は私たちが住む宇宙と〝地続き〟に存在しているのではなく、多世界解釈における確率空間の中に存在していると考えることができるのだという。

　前章で紹介したように、泡宇宙は親宇宙から「トンネル効果」という量子力学的な現象によって誕生する。つまり、泡宇宙の誕生は量子力学的な現象であって、多世界解釈によると、その際には世界の枝分かれが起きることになる。「親宇宙の中に泡宇宙Aが誕生した世界」と「泡宇宙Aが誕生しないままの世界」が枝分かれするのである。

　従来のマルチバース宇宙論によると、親宇宙の中のあちこちに

図9－9　量子マルチバース宇宙論によると、事象の地平面の外は実在しない

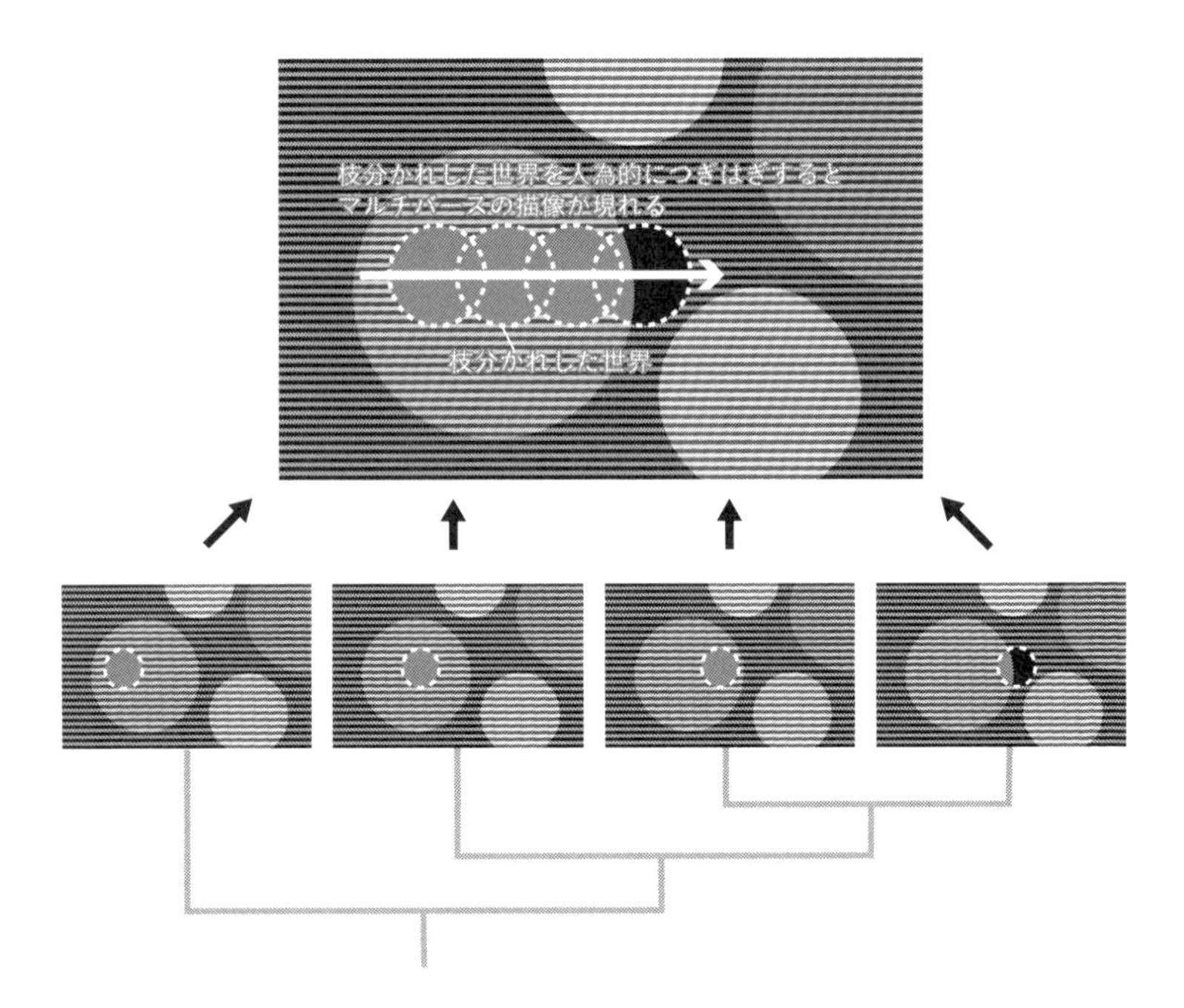

図9－10　共存している無数の世界をつぎはぎしてつなげていくと、従来のマルチバースの描像が現れる

トンネル効果によって無数の泡宇宙が誕生する（**図9－8**）。一方、多世界解釈に基づいたマルチバース宇宙論（量子マルチバース宇宙論）では、さまざまな時間、さまざまな場所で泡宇宙が誕生したそれぞれの世界が確率空間の中で共存していると考える。量子マルチバース宇宙論に基づいて考えると、**図9－8**のような従来のマルチバースの描像は、確率空間に存在する無数の世界を、重なりを許してつぎはぎすることで、人為的に作ることができる（**図9－9**、**図9－10**）。

従来のマルチバースの描像が正しいのか、それとも量子マルチバースの描像が正しいのか、はたまたマルチバースは物理定数の微調整問題などを解決するために物理学者たちが考え出した幻想なのか……。その答えはまだ得られていない。

第9章の要点

・ミクロな世界の物理学である量子力学には、さまざまな解釈がある。
・量子力学の解釈の一つ「多世界解釈」によると、世界は時々刻々と枝分かれしており、可

---

*（160頁）　ブラックホールの表面も「事象の地平面」と呼ばれる。ブラックホールの場合も、事象の地平面より内側から放たれた光は未来永劫、事象の地平面より外に出ていくことはできない。これは強い重力によって、光がブラックホールの中心に向かって引っ張られていくためだ。

**（161頁）　たとえば、確率の計算における分母と分子が比例関係にあった場合、そこから極限を考えることができたら、有限の確率を得ることができる（$\lim_{x\to\infty}\frac{x}{ax}=\frac{1}{a}$）。しかし無限の時空を生成するマルチバースでは、そのような計算がうまくできないことが知られている。

能性の数だけ、無数の並行世界が存在していることになる。

・多世界解釈に基づいた量子マルチバース宇宙論によると、無数の宇宙は私たちの世界と地続きではなく、「確率空間」の中に存在している。

3　マルチバース宇宙論は実証できるか

第10章　インフレーションの証拠は見つかるか

私たちが普段使っているスマホやパソコンは、半導体でできた素子をたくさん使ってさまざまな計算を実行している。半導体の仕組みは量子力学に基づいて理解されているので、私たちがスマホやパソコンを使うたびに量子力学の正しさが実証され続けているとも言える。

量子力学によると、電子などのミクロな粒子は、越えられないはずの山をすり抜ける「トンネル効果」（第3章）を起こしたり、二つの異なる経路を同時に通ったり（重ね合わせ状態、第9章）と、にわかには信じがたい現象を起こす。しかしそれらが実験で実証されれば、私たちはそれらの不思議な現象が事実であることを受け入れざるをえない。逆にどんなに素晴らしく思える理論でも、実験などによって実証されない限り、それは絵に描いた餅でしかない。

量子力学に限らず、現在支持されている科学の理論はすべて、実験や観測による実証を経て生き残ってきたものだと言える。では、本書のテーマであるマルチバース宇宙論はどうなのだろうか？　ここからはマルチバース宇宙論の実証について考えていこう。本章ではまず、マルチバース宇宙論の土台となっているインフレーション理論の検証に関する研究、そして、インフレーションが実際に起きたことを確かめようとしている現在進行形の計画や将来計画について紹介していくことにしよう。

インフレーション理論はまだ実証されていない

インフレーション理論によれば、ビッグバン（灼熱状態の宇宙）の前に宇宙の超急膨張（インフレーション）が起きたとされる。その勢いは凄まじく、ほんのわずかな時間でミクロなサイズの空間が広大な宇宙に成長してしまうような膨張だった。

インフレーション理論は、1980年頃に宇宙論に立ちはだかっていた「地平線問題」「平坦性問題」「モノポール（磁気単極子）問題」などの難問を解決する理論として登場した（第4章）。地平線問題は「宇宙が均一なのは不自然である」ということ、平坦性問題は「宇宙空間が平らなのは（曲がっていないのは）不自然である」ということ、モノポール問題は「N極やS極だけをもつ粒子、モノポールが宇宙に存在していないのは不自然である」ということを問題視していた。

これらの問題をインフレーション理論は見事に解決した。しかし現状では、インフレーション理論はまだ「実証された」とは言えない段階にあるとみなされている。インフレーション理論はまだ仮説であり、今後、天文観測でその正しさを実証していかなければならないのだ。

インフレーションの痕跡が刻まれた宇宙背景放射

実は一口にインフレーション理論と言っても、多数の理論モデルがあり、それぞれ細かい部分が異なっている。分類の仕方にもよるが、数十から１００を超える理論モデルが提案されていて、インフレーションが現在の宇宙にどのような痕跡を残しているかについて異なる予言をしているのだ。ただし、多くの理論モデルにほぼ共通している予言もあるので、まずはそれらの検証が進められてきた。

インフレーションの検証において中心的な役割を果たしているのは、「宇宙背景放射」の観測である。初期の宇宙は、高温のガスが満ちた火の玉のような状態で、光に満ちあふれていた。この光は今も宇宙空間を満たしており、宇宙背景放射と呼ばれている。ただし、宇宙空間の膨張に伴って光の波長が引き伸ばされ、現在はマイクロ波と呼ばれる電波となっている（**図10－1**）。

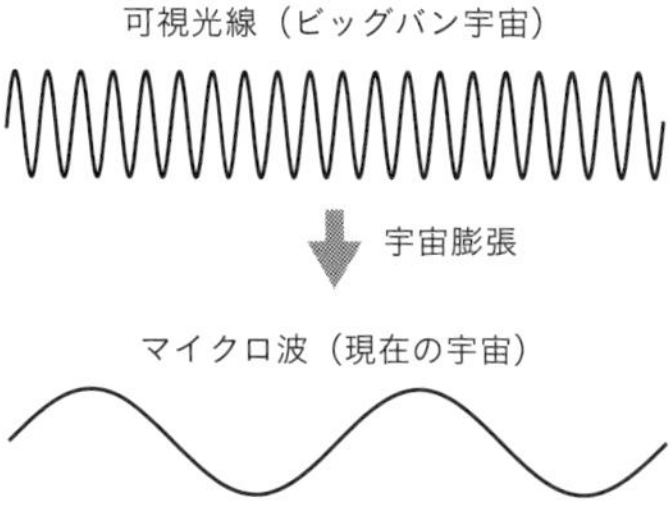

可視光線（ビッグバン宇宙）

宇宙膨張

マイクロ波（現在の宇宙）

図 10－1　宇宙空間の膨張に伴って光の波長も伸びる。なお、図は概念図であり、実際は宇宙空間および光の波長は宇宙の晴れ上がりの頃の約1000倍になっている。

現在観測されている宇宙背景放射は、約１３８億年かけて宇宙を旅して、ようやく地球にたどり着いた光だと言える（**図10－2**）。地球から見ると、宇宙の全方向から宇宙背景放射が降り注いでいることになる。この全天からやってくる宇宙背景放射を宇宙空間から観測したのが、１９８９年に打ち上げられたＮＡＳＡ（アメリカ航空宇宙局）のＣＯＢＥ（コービー）衛星である。

口絵3はＣＯＢＥがとらえた宇宙背景放射の全天マップである。実際の宇宙背景放射の発生源は地球から見ると球面に見えるが、それを世界地図のモルワイデ図法と同様のやり方で楕円状に表現したのがこの図である。赤い部分はやや温度が高い領域、青い部分はやや温度が低い領域を表している。

この宇宙背景放射の温度分布のむらは、灼熱時代の宇宙の物質密度のむらと対応しており、このむらが成長することで、銀河や銀河団、銀河の大規模構造などの「構造」が宇宙に生まれたと考えられている。密度の高い領域は、重力によって周囲から物質を引き寄せるので、時間がたつにつれてさらに密度が高まり、構造が作られていくわけだ。

この物質の密度のむらを作り出したのはインフレーションだと考えられている。ミクロな世界は「量子揺らぎ」に支配されており、その揺らぎがインフレーションによってマクロなサイズに引き伸ばされ、最終的に物質密度のむらを生んだのだ（**図10－3**）。

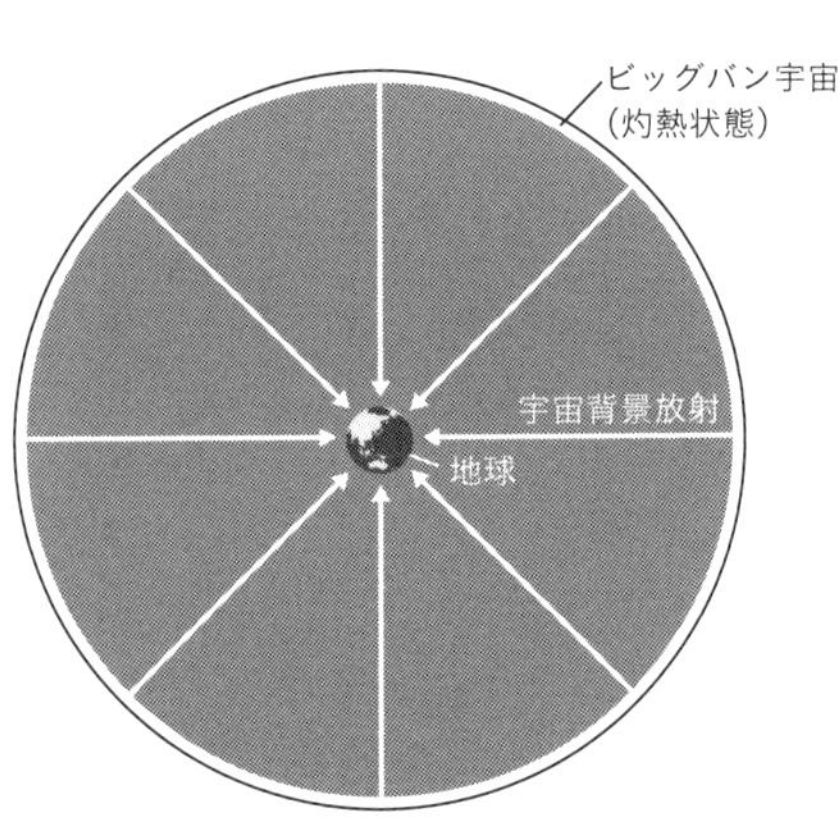

図10－2　地球を中心に考えた場合の宇宙背景放射の模式図。図の円周は宇宙背景放射の発生源であるビッグバン宇宙（灼熱状態の宇宙）に当たる。ただし、実際の宇宙は3次元的に広がっているので、宇宙背景放射の発生源は地球を中心にしてこの図を回転させてできる球面の内側全体（天球全体）ということになる。

宇宙背景放射の分布の性質が傍証の一つ

インフレーション理論は、宇宙背景放射のむらについて興味深い予言をしている。むらの大きさ（平均からのずれ）が「ほぼスケール不変になる」というのである。

スケール不変とは、分布のむらの大きさが、そのとき見ているスケール（サイズ）によらないということを意味している。つまり、**口絵3**を拡大してより細かいむらを見ても、元と同じようなむらが見えてくることになる。
　そして実際にCOBEの観測結果を解析すると、宇宙背景放射の分布のむらはスケール不変の性質をもつことが示唆された。つまり観測結果はインフレーション理論を支持するものだったのだ。ただしCOBEのデータはまだ誤差が大きく、スケール不変を「確かめた」とまでは言えない段階だとみなされた。

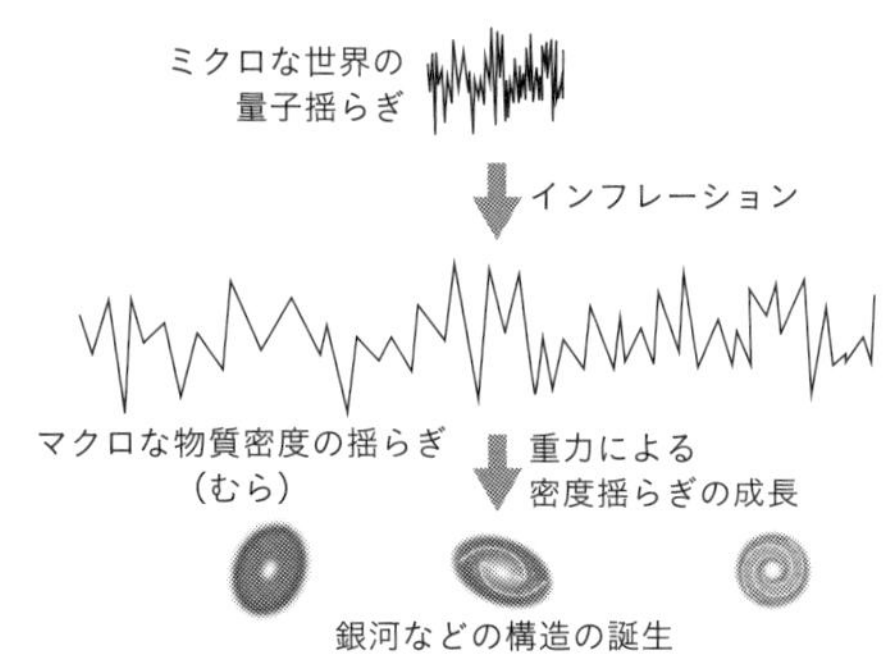

図 10－3　ミクロな世界の量子揺らぎがインフレーションによって引き伸ばされ、最終的にマクロな物質密度の揺らぎとなった。この密度の揺らぎが成長することで、宇宙に構造が生まれた。

　COBEの観測結果を受けて、インフレーション理論は研究者の間で支持を固めつつあったが、この段階ではまだインフレーション理論について慎重な姿勢を見せていた研究者も多かった。たとえば、現代宇宙論に大きな貢献をした功績によって2019年にノーベル物理学賞を受賞したジェームズ・ピーブルスは*Scientific American* 誌2001年1月号（日経サイエンス2001年4月号）の記事「Making Sense of Modern Cosmology（邦題：現代宇宙論を採点する）」の中で「宇宙はインフレーションからできた」という仮説について、大学の成績表になぞらえて「不可」と採点している。そして、「見事な理論だが、直接証拠に欠け、物理法則を膨大に援用しなければ成り立たない」とコメントしている。

しかしその後、ＣＯＢＥよりもさらに細かく宇宙背景放射の分布を観測できる天文衛星が打ち上げられ、宇宙論の観測的研究は精密化していくことになる。その天文衛星とは、２００１年に打ち上げられたＮＡＳＡのＷＭＡＰ（ダブリューマップ）衛星、そして２００９年に打ち上げられたＥＳＡ（ヨーロッパ宇宙機関）のPlanck（プランク）衛星だ。

口絵４と**口絵５**がその全天画像だが、ＣＯＢＥ→ＷＭＡＰ→Planckと進むにつれて、より細かな分布まで見えるようになっていく様子がよく分かるだろう。ＷＭＡＰとPlanckの観測でも、宇宙背景放射の分布はほぼスケール不変であることが確かめられた。

宇宙背景放射の分布がスケール不変にどれだけ近いかを表す指標に、観測結果から計算される「スペクトル指数（n_s）」という値がある。n_sの値が1の場合が完全にスケール不変だ。Planckの観測結果によると、n_sの値は０・９６４９±０・００４２と、１よりもやや小さい値だった。インフレーション理論のモデルの多くは「n_sは1より少しだけ小さい」という予言をしているので、この観測結果はインフレーション理論を強く支持するものだとみなされている。

こうして、ＷＭＡＰ、Planck両衛星の観測結果がインフレーション理論を強く支持する結果となったことで、インフレーション理論は「実証された」とまでは言えないまでも、研究者の間で幅広い支持を得るに至ったのである。*

アインシュタインが予言した重力波

インフレーション理論のさらなる検証として現在もっとも期待されているのは、「原始重力波」の観測である。原始重力波の観測方法には、直接観測と間接観測（宇宙背景放射の偏光の観測）がある。まず重力波とは何かから説明していこう。

一般相対性理論によると、空間は曲がったり伸び縮みしたりできる、実体をもったものだとされる。空間を大きく曲げる高密度な天体が高速で公転したり、高密度な天体どうしが衝突したりすると、空間の曲がりが波となって、光と同じ速さ（秒速30万キロメートル）で周囲に広がっていく。この現象が重力波である。重力波の存在は、アインシュタインによって１９１６年に予言された。

重力波は、何ものにも遮られることなく突き進んでいくという性質をもっている。発生源と地球の間に何らかの天体があったとしても、それを透過してお構いなしに進んでいくのだ。当然、地球にも遮られることなく、重力波は素通りしていくことになる。そのため、重力波は地下でも観測可能である。実際、日本の重力波望遠鏡**ＫＡＧＲＡ（かぐら）は岐阜県飛騨市の神岡鉱山の地下に設置されている。

重力波がやってくると、**図10－4**のように、空間のある方向が伸び、それと直交する方向が縮む。この空間の伸び縮みを検出できれば、重力波の到来を知ることができる。アインシュタインの予言か

＊　「ほぼスケール不変」の他にも、インフレーション理論は、宇宙背景放射のむらが、高校数学でも習う「正規分布（ガウス分布）」にほぼ従うことを予言している。これもWMAPやPlanckの観測によって確かめられており、インフレーション理論の傍証の一つだと言える。インフレーション理論のモデルによって、正規分布からのずれについての予言は異なるので、今後のより精密な天文観測に期待が寄せられている。

＊＊　重力波を検出するＬＩＧＯやVirgo、日本のＫＡＧＲＡなどは「重力波望遠鏡」と呼ばれるが、反射鏡などによって光を集める通常の望遠鏡とは違って、重力波を集める能力はなく、天体の像を拡大する能力もない。

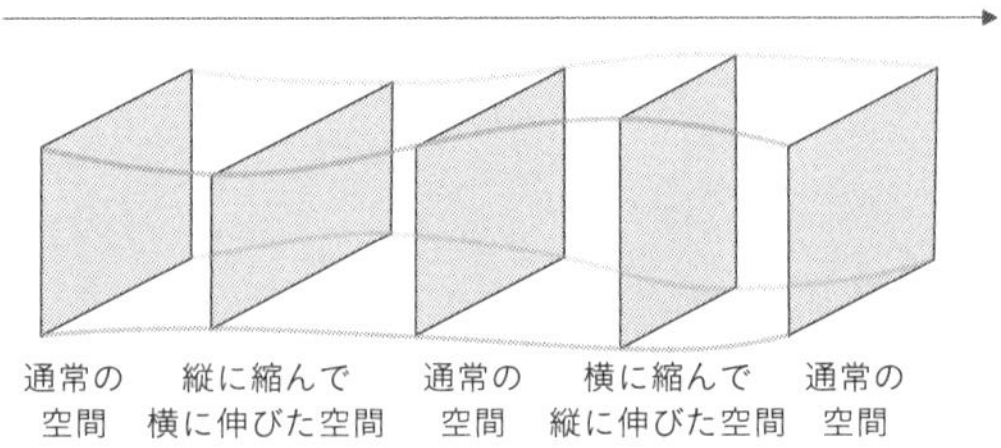

通常の
空間
縦に縮んで
横に伸びた空間
通常の
空間
横に縮んで
縦に伸びた空間
通常の
空間

図 10－4　重力波が到来すると、ある瞬間には空間の縦方向が伸び、横方向は縮む。その後、元に戻り、今度は横方向が伸び、縦方向が縮む。これが繰り返される。ただし空間の伸び縮みの量は極めて小さく、典型的な重力波で、太陽と地球の間の距離が原子１個分伸び縮みする程度である。

反射鏡
反射鏡
ビームスプリッター
レーザー光源
光検出器

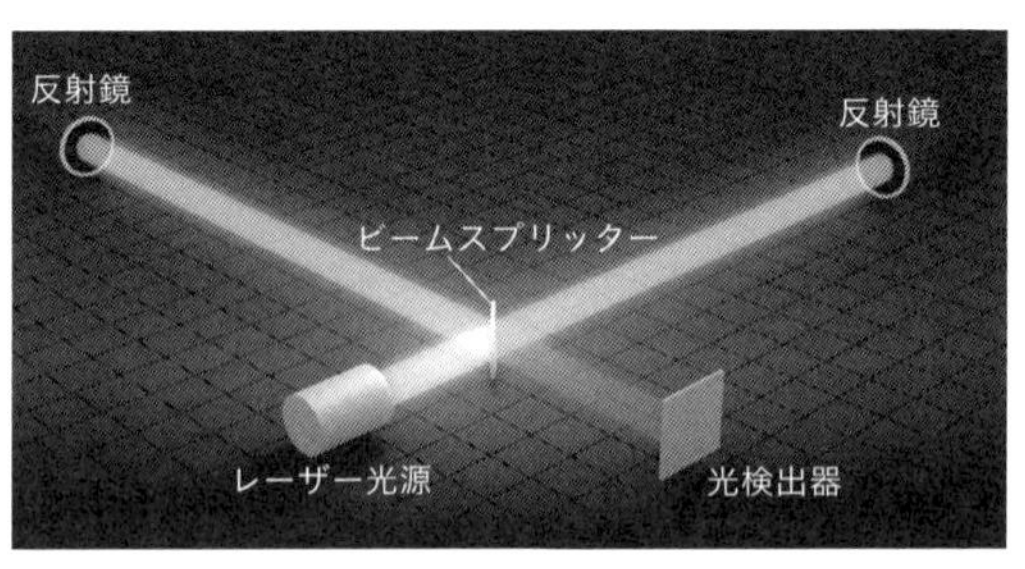

図 10－5　重力波望遠鏡の仕組み

ら約１００年後の２０１５年には、アメリカの重力波望遠鏡ＬＩＧＯ（ライゴ）によって、ブラックホール*どうしが衝突・合体する際に発生した重力波が初めてとらえられた。

　ＬＩＧＯをはじめとする重力波望遠鏡では、レーザー光を使って重力波を検出する。**図10－5**のようにレーザー光を途中で二つの経路に分けて、鏡と鏡の間を何度も往復させた後、ふたたび合流させて検出器へと導く。通常の状態では、一方の光の波の「山の部分」と、他方の光の波の「谷の部分」がちょうど重なるように合流させる。すると、二つの経路の光が打ち消しあって暗くなる。これは「干渉」と呼ばれる現象である。

　ところが重力波がやってくると、空間が伸び縮みするので、二つの経路の長さが変動する。すると、光が打ち消しあわなくなり、検出器に入ってくる光が明るくなる。この光の明るさの変動を検出することによって、重力波を検出するのである。重力波望遠鏡は、光が進む管、いわゆる「腕」が長いほど感度が高くなる。ＬＩＧＯの腕の長さは４キロメートルにも達する。

ＬＩＧＯによる重力波の初検出の後、ヨーロッパの重力波望遠鏡Virgo（ヴァーゴ）も重力波の検出に成功し、重力波天文学は現在、宇宙の研究の中でもっとも注目を集めている分野の一つになっている。

２０２５年3月現在、日本のＫＡＧＲＡはまだ重力波の検出には成功していないが、複数の重力波望遠鏡で観測すると、重力波の発生源の天球上での位置をより狭い範囲に絞り込むことができるようになるため、ＫＡＧＲＡの参入には大きな期待が寄せられている。

インフレーションが起こした「原始重力波」をとらえよ！

これまでにＬＩＧＯやVirgoによって観測されている重力波の発生源はブラックホールや中性子星＊＊で、ともに超高密度な天体である。これらが衝突・合体する際に発生した重力波がとらえられたのである。

一方、インフレーションも重力波を発生させたと考えられている。空間が急激に膨張する際に、わ

＊　ブラックホールは、光さえも強力な重力で飲み込んでしまう天体である。太陽の質量の30倍程度以上の重い恒星が晩年に大爆発（超新星爆発）を起こすと、その中心核が自身の重力でつぶれてブラックホールとなる。

＊＊　中性子星は、主に中性子からなる天体である。太陽の質量の8倍から30倍程度の重い恒星が晩年に超新星爆発を起こすと、その中心核が自身の重力でつぶれて中性子星となる。半径は10キロメートル程度で、その中心部の密度は1立方センチメートルあたり10億トンにもなる。

ずかなむらが生じ、それが空間の振動、すなわち重力波となったのだ。このむらを生じさせたのは、ミクロな世界に存在する量子揺らぎである。

このようなインフレーションを起源とした重力波は「原始重力波」と呼ばれている。そして１３８億年前に生じたこの原始重力波は、今も宇宙空間を波立たせていると考えられている。

原始重力波は、地球から見ると全天のあらゆる方向からやってくる。つまり光（マイクロ波）である宇宙背景放射の重力波版だ。そのため、こういった重力波は「背景重力波」とも呼ばれる。ただし背景重力波には、インフレーション以外を起源とする重力波も含まれている。

ＬＩＧＯのような地上の重力波望遠鏡が検出できるのは、波長が数十キロメートルから数千キロメートル程度の重力波である。一方で、インフレーションを起源とする原始重力波の波長はさまざまだが、長いものではなんと数十億光年以上にもなる。１光年は約９兆５０００億キロメートルなので、まさに桁違いの長さだ。

原始重力波を地上の重力波望遠鏡で観測するのは難しい。地上のごくわずかな地面の振動などがノイズとなって観測を邪魔するのがその理由の一つである。そこで、原始重力波をとらえるために、宇宙に人工衛星を打ち上げる日本の「ＤＥＣＩＧＯ（デサイゴ）」という計画がある。地上では重力波望遠鏡の腕の長さに限界があるが、宇宙では腕に相当する光の経路を各段に長くできるという利点もある。

ＤＥＣＩＧＯ計画では３基の人工衛星が打ち上げられる。それぞれの人工衛星は約１０００キロメートル離して配置され、人工衛星間でレーザー光をやり取りする。原始重力波がやってきたときの人工衛星間の距離の伸び縮みをレーザー光を使って検出するわけだ。

現在は、ＤＥＣＩＧＯの前段階として、Ｂ－ＤＥＣＩＧＯという計画が２０３０年代の打ち上げを目指して進められている。こちらも３基の人工衛星を打ち上げて重力波の検出を目指すが、人工衛星間の距離は１００キロメートルで、主な観測のターゲットはブラックホールや中性子星の合体現象などである。

「背景重力波」が初めてとらえられた！

２０２３年6月、「パルサータイミングアレイ」という手法で背景重力波の痕跡を探していた世界の四つのグループが一斉に「背景重力波が存在する証拠をとらえた」と発表した。パルサーとは、地球から見て一定間隔で電波のパルスを発するように見える天体のことで、その正体は高速で自転している中性子星だと考えられている。パルサーが発するパルスの周期は極めて規則的で、精密な時計として使うことができる。パルスの周期は１ミリ秒（１０００分の1秒）から10秒程度である。

パルサータイミングアレイでは、数十個のミリ秒周期のパルサーを電波望遠鏡で継続的に観測する。重力波が地球とパルサーの間を通過すると、空間の伸び縮みによってパルスの到着時刻が微妙にずれるので、それを検出することで重力波の到来を知ることができる。到着時刻がずれるといっても、その差はわずか１００ナノ秒程度である。１００ナノ秒とは、１秒の１０００万分の1だ。このパルサータイミングアレイによる観測も重力波の直接検出に相当する。

２０２３年に報告された背景重力波の波長は数光年ほどだった。これは太陽系の近くにおける恒星と恒星の間の距離程度に相当する。このような背景重力波は、数年もの長い周期で空間の伸び縮みを起こす。そのため、パルサータイミングアレイでの観測は10年以上の非常に長い年月を要することになる。

詳しい解析の結果、パルサータイミングアレイで観測された背景重力波の発生源は、主に超大質量ブラックホール連星だと推定された。超大質量ブラックホール連星とは、大きな質量（太陽の１００万倍～数十億倍程度）をもつブラックホールどうしが互いの周囲をまわりあう天体である。

超大質量ブラックホールは、ほとんどの銀河の中心に存在していると考えられている。そして銀河どうしが衝突すると、それぞれの銀河の中心にある超大質量ブラックホールどうしが接近して連星になることがある。解析結果によると、宇宙に無数に存在しているそのような超大質量ブラックホール連星が発する重力波が重なりあって、観測された背景重力波になっていると考えられるという。

ただしパルサータイミングアレイで観測された背景重力波の一部は、インフレーションを起源とする原始重力波などである可能性も残っている。観測された背景重力波の起源を突き止めるためには、今後のさらなる詳しい観測が必要である。

「偏光の渦巻き模様」を探せ！

原始重力波を直接検出するのではなく、原始重力波が宇宙背景放射に残した痕跡を見つけ、間接的に原始重力波の存在を実証しようとする研究も行われている。それは宇宙背景放射の「偏光」を観測するというものだ。

光は波の一種であり、進行方向に対して直交する方向に振動している。通常の光は、さまざまな方向に振動している光の寄せ集めだが、偏光は特定の方向に振動している光からなる（**図10－6**）。

原始重力波は、宇宙背景放射の振動方向を偏らせる性質があることが理論的に分かっている。そのため、宇宙背景放射の偏光具合を詳細に調べれば、原始重力波が本当に存在するかどうかを検証することができる。

宇宙背景放射の偏光には、渦を巻くようなパターンの「Ｂモード」と、そうではない「Ｅモード」の２パターンがある（**図10－7**）。原始重力波は両方のモードを生み出すが、Ｅモードは他の原因でも生み出されるので、インフレーションの証拠としてはＢモードがターゲットとなる。渦巻き模様のＢモード偏光は、いわば「インフレーションの指紋」だと言えるのだ。

２０１４年３月、アメリカのハーバード大学などを中心とした観測チームが、インフレーションの

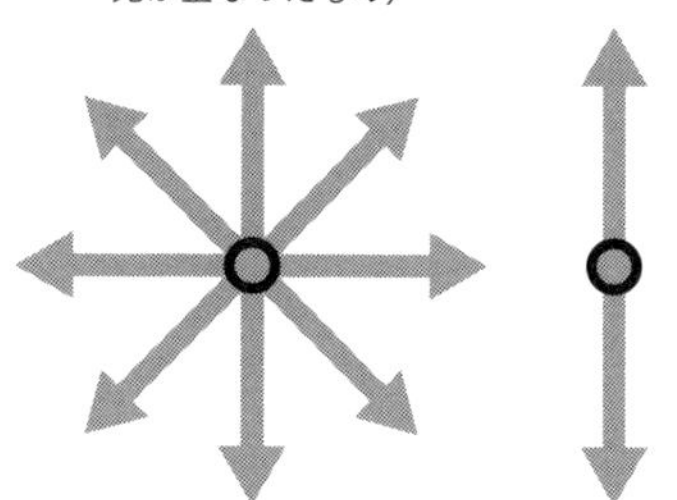

図 10－6　手前側（ページに垂直な方向）に進んでいる通常の光（左）と偏光（右）

Bモード　Eモード

図 10－7　宇宙背景放射に刻まれるＢモードの偏光とＥモードの偏光の模式図。棒の方向が光の振動方向。

証拠となる宇宙背景放射のＢモード偏光を検出したと発表した（**口絵6**）。南極点近くに設置されたマイクロ波望遠鏡ＢＩＣＥＰ２（バイセップツー）を使った観測成果である。このニュースは世界を駆け巡り、一般向けの新聞などでも広く報道され、大きな注目を集めた。

しかし残念ながら、その後、このＢモード偏光は原始重力波によるものではないことが明らかになる。このＢモード偏光は、私たちが住む天の川銀河内にある塵が発したマイクロ波によるものだということが判明したのだ。

ＢＩＣＥＰ２グループによる発表は誤報となってしまったわけだが、その後も宇宙背景放射のＢモード偏光の探索は数多くのチームによって活発に続けられている。検出感度も上がってきており、どのチームが最初にインフレーションの痕跡を発見するかが注目されている。もし観測に成功すればそれはノーベル賞級の成果である。インフレーション理論の提唱者であるアラン・グースや佐藤勝彦らもノーベル賞の候補者として名前が挙がってくるかもしれない。

一方、日本のグループは、宇宙背景放射のＢモード偏光を人工衛星でとらえる「LiteBIRD（ライトバード）計画」を進めている。宇宙で観測を行えば、大気の影響がなくなり、かつ全天にわたっての観測が可能になるため、Ｂモード偏光の観測に非常に有利だ。このような宇宙からの観測計画は現状で他になく、大きな期待が寄せられている。なお、打ち上げ目標は２０３２年度とされている。

物理学の新たな時代の幕開けとなるか

原始重力波の観測が成功し、その性質が明らかになれば、インフレーションがどのような仕組みで起きたのかについてヒントが得られることになるだろう。先に述べたように、インフレーション理論にはたくさんのモデルがある。原始重力波が精密に観測できるようになれば、どのモデルが私たちの宇宙（泡宇宙）で起きたインフレーションと合致しているのかも検証できるはずだ。

また、原始重力波は、ミクロな世界の量子揺らぎがインフレーションによって拡大したことによって生じるので、ミクロな世界の物理学である量子論と、時空と重力の理論である一般相対性理論がともに関わっている現象だと言える。量子論と一般相対性理論は、現代物理学の土台となっている二大理論であり、物理学者たちは何十年にもわたって、これらを融合させた「量子重力理論」の構築に力を注いでいる。その有力候補が第8章でも紹介した超ひも理論だ。

原始重力波の観測は、量子重力理論の候補を絞り込むための大きな手掛かりを私たちに与えてくれるかもしれない。物理学の新しい時代の幕開けにつながる可能性も秘めているのだ。

第10章の要点

・インフレーション理論の多くのモデルは、宇宙背景放射のむらがほぼスケール不変になることを予言しており、実際にそれが天文観測衛星 Planck などによって確かめられた。

・インフレーションは原始重力波を生じさせたはずであり、その痕跡を探す研究が世界中で活発に行われている。

第11章　超ひも理論や高次元空間は実証できるか

アニメ『新世紀エヴァンゲリオン』の原作・監督でも知られる庵野秀明氏が企画・脚本を務めたことでも話題となった2022年公開の映画『シン・ウルトラマン』。久しぶりに童心に返ってウルトラマンを劇場で楽しんだという人も多かったのではないだろうか。私もそんな一人である。

本作では、ウルトラマンの必殺技「スペシウム光線」のエネルギー源が133番元素「スペシウム」（あくまで仮想の元素）であることが示唆されるなど、科学好きたちの空想を膨らませてくれる設定があちこちに盛り込まれていた。そんな設定の一つに、ウルトラマンが高次元空間の先にある別の宇宙との間を行き来する、というものもあった。第8章でも紹介したように、マルチバース宇宙論とも深い関係のある超ひも理論は、高次元空間（余剰次元）の存在を予言している。シン・ウルトラマンの設定には、超ひも理論の知見も盛り込まれていたのだ。

本章では、そんなシン・ウルトラマンとも関係する、超ひも理論と高次元空間の存在の検証について考えていくことにしよう。

超ひも理論は一般相対性理論と量子論を統合する理論

超ひも理論によると、「宇宙のありえる姿」は10^{500}種類以上もあるという。そのような中で、生命の誕生に適した条件を偶然満たした宇宙の一つが私たちの宇宙だ。

超ひも理論とは、素粒子の正体をごくごく短い「ひも（弦）」だと考える理論である。ひもの長さは10^{-35}メートルほど（「プランク長」と呼ばれる長さ）だとされる。この値は原子核の大きさよりもさらに20桁ほども小さい（1兆分の1のさらに1億分の1）。

日常生活で目にするひもは細い繊維が何本も束ねられたものだが、超ひも理論のひもは、構造をもたない1次元の物体である。従来の物理学では、素粒子（自然界を構成する最小の物体）は「大きさのない点」、つまり0次元の物体だと考えられていたが、超ひも理論ではそれよりも次元が一つ大きい物体を素粒子だと考えることになる。

素粒子には、電子、クォーク、ニュートリノ、光子など数多くの種類があるが、超ひも理論によると、それらはすべて同じひもだ。そして、ひもの振動の仕方が異なると、私たちには異なる種類の素粒子に見えると考える。

物理学の理論には大きく分けて、さまざまな理論の土台となる「基礎的な理論」と、基礎的な理論をもとにして特定の対象を扱う「応用的な理論」がある。基礎的な理論はいわば国家の憲法のようなもので、応用的な理論は民法や商法、刑法などの特定の対象を扱う法律のようなものといったところだろうか。現代物理学における基礎的な理論は、「一般相対性理論」と「量子論」の二つである。

一般相対性理論とは、時間と空間、そして重力の理論だ。この理論では、時間と空間は一体のものだとみなされ、「時空」と呼ばれる。そして時空の歪みが重力を引き起こすと考える。天体や宇宙全体など、主に大きなスケールの世界を扱うときに必要となる理論だ。

量子論はミクロな世界における素粒子や原子などの振る舞いを説明する理論である。量子論によると、ミクロな世界は常に揺らぎに支配されている。

一方、「大昔のミクロなサイズの領域（時空）が急激な膨張を起こして、私たちの住む宇宙となった」と考えるインフレーション理論は、一般相対性理論と量子論を土台として作られた応用的な理論だと言える。

先ほど、基礎的な理論を憲法にたとえた。憲法は一つの国に一つしかないものなのに、現在の物理学には憲法に相当する理論が二つもあるのかと違和感を覚えたかもしれない。実は物理学者たちにも同じような感覚があり、一般相対性理論と量子論は最終的には統合されるべきだと考えられている。物理学者たちはこれらを統合することで、時間、空間、そして素粒子を扱うことができ、ミクロからマクロまであらゆるスケールの物理現象に適用できる〝究極の理論〟を完成させたいと考えているのだ。それを実現する現段階での最有力候補が、超ひも理論である。超ひも理論は、一般相対性理論と量子論を統合する、さらに基礎的な理論なのである。

超ひも理論は「未完成」の理論なのだが、その理由は「実験や観測による検証を経ていないから」というだけではない。通常、物理学の理論はその基礎の部分が方程式によって厳密に定義されているが、超ひも理論は、現状では近似的な基礎方程式しか分かっておらず、近似を使わない厳密な基礎方程式が確立されていないのだ。＊ 最終的には、超ひも理論は近似を含まない形で構築される必要がある。しかし、その研究もまだ道半ばなのである。

未発見の「超対称性粒子」がたくさんある？

先ほども述べた通り、超ひも理論におけるひもは通常、10^{-35}メートルほどと極めて小さいと考えられており、これを直接検出することは現在の科学技術では到底不可能だ。おそらく１００年先の科学技術でも実現困難だろう。そのため、物質を形作っているひもを直接調べて超ひも理論の正しさを検証するという方法は現実的ではない。

しかし、「もしこれが見つかったら、超ひも理論が正しい証拠とは言えないまでも、傍証にはなる」というものはいくつかある。その一つが「超対称性粒子」である。実は、超ひも理論の「超」は、この超対称性の「超」に由来している。超ひも理論とは「超対称性をもつひもの理論」という意味なのだ。

では超対称性とは何だろうか。それを理解するために、まず素粒子の分類について復習しておこう。

＊　専門的な言い方をすると、超ひも理論は「摂動論的な定式化しかできていない」という段階である。摂動論とは、非常に単純な状況をまず考えて方程式を解き、その他の影響（摂動）を順次付け足して追加の計算をしていく、近似的な計算方法のことを言う。たとえば、地球の軌道を力学に基づいて求める際には、まず地球と太陽の重力のみを考えて地球の軌道を暫定的に求める。その後、月や火星、木星などの他の天体の重力の影響を計算に取り込んでいき、地球の軌道をさらに精度よく求めていくといったことが行われる。

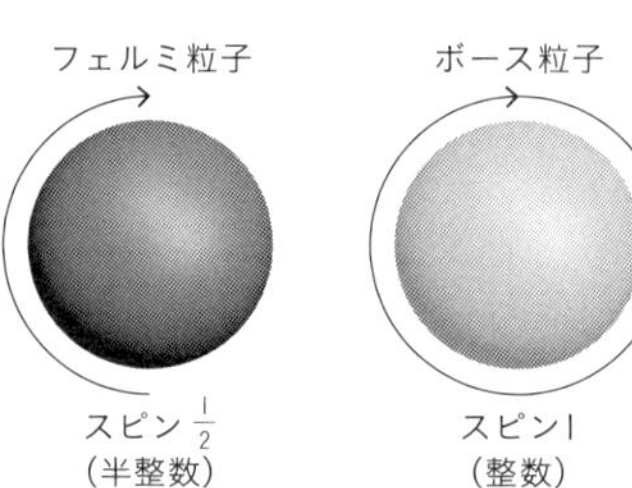

図11-1 フェルミ粒子とボース粒子のイメージ。スピンの大きさを円弧状の矢印で表した。スピンを回転で表現しているのはあくまで比喩である。

素粒子は、「フェルミ粒子（フェルミオン）」と「ボース粒子（ボソン）」という二つのグループに分けることができる。フェルミ粒子に分類されるのは、電子やニュートリノ、クォークなどの物質を形作っている素粒子の仲間たちである。一方、ボース粒子に分類されるのは、力を伝える素粒子の仲間たちである。具体的には、光の素粒子である「光子」、クォークどうしを結びつけて陽子や中性子を形作っている強い力を伝える素粒子である「グルーオン」、重力を伝える素粒子である「重力子」などがボース粒子である。

フェルミ粒子とボース粒子は、自転の勢いに相当する「スピン」という量の大きさが異なっている。ボース粒子のスピンは、ある基準となる量の整数倍、つまり1、2、3といった値になるのに対して、フェルミ粒子のスピンは$\frac{1}{2}$、$\frac{3}{2}$といった半整数（整数に$\frac{1}{2}$を足した数）の値になるのだ（**図11-1**）。

スピンは素粒子の磁気的な性質に関わる量で、スピンにまつわる話をしていくだけで本が1冊書けてしまうほど奥が深いのだが、マルチバース宇宙論から話がそれてしまうのでここでは深入りしない。「スピンとは、素粒子をフェルミ粒子とボース粒子に分けるときの指標となるもの」とだけ覚えておいてほしい。

さて、超対称性の話に戻ろう。超対称性がある世界とは、「既知のフェルミ粒子にはよく似た性質をもつボース粒子のパートナーが存在し、既知のボース粒子にはよく似た性質をもつフェルミ粒子のパートナーが存在する」ということを意味する。

たとえば、もしこの世界に超対称性があるとしたら、スピン$\frac{1}{2}$の電子には、帯びている電荷が同じでスピンが0の「スカラー電子」と呼ばれる超対称性パートナーが存在することになる。また、スピン1の光子には、光子と同じく電荷を帯びていない中性で、スピンが$\frac{1}{2}$の「フォティーノ」と呼ばれる超対称性パートナーが存在することになる。

ちなみに、超対称性粒子と似た考え方の粒子に「反粒子」があり、こちらは実際に存在が確かめられている。あらゆる素粒子には、質量が同じで電荷の符号が正反対の反粒子と呼ばれるパートナーが存在するのだ。たとえば電子には、質量が同じで電荷の符号が正反対、つまりプラスの電荷を帯びた「反電子」というパートナーが存在する。反電子は「陽電子」とも呼ばれ、体内に存在するがん組織を調べるPET（陽電子放出断層撮影）検査などにも使われている。

粒子・反粒子の関係における電荷の符号の違いを、スピンの違いに置き換えたものが粒子・超対称性粒子の関係である。ただし、私たちの宇宙では粒子とそのパートナーの超対称性粒子の質量は等しくなく、その点は粒子・反粒子の関係とは異なっている（専門的には、これを「超対称性が破れている」と言う）。

素粒子はエネルギーを使って生み出すことができる

物理学者たちは長年、超対称性粒子を探し続けているが、今のところ発見には至っていない。その

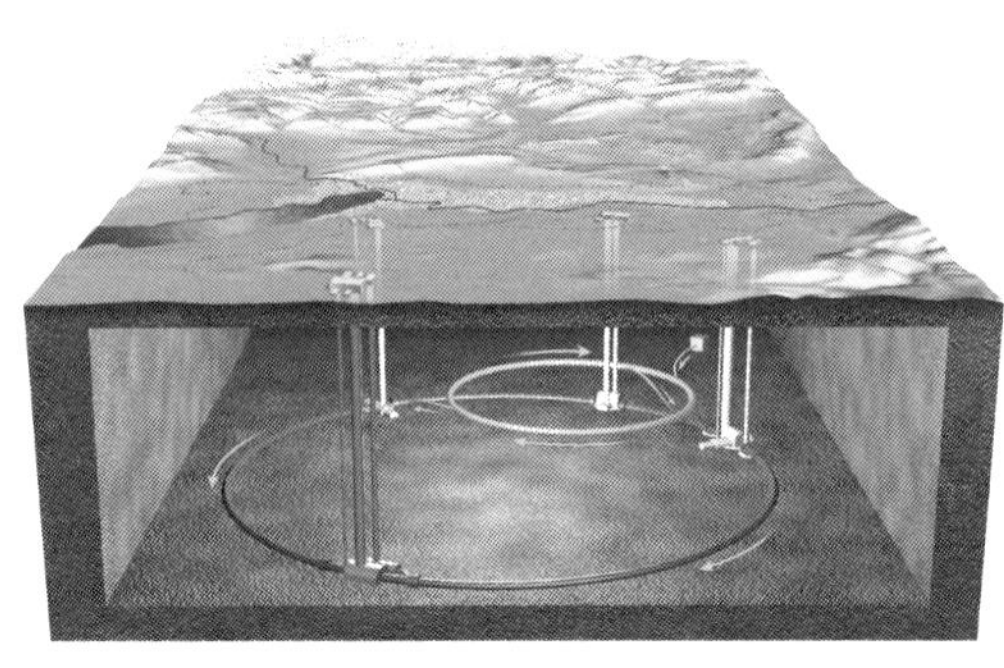

図 II－2　地下 100 メートルに設置された環状の加速器 LHC

探し方は、主に「加速器」という実験装置を使って超対称性粒子を人工的に作り出し、その痕跡を見つけるというものだ。

　加速器実験について理解するには、相対性理論に登場する〝世界一有名な式〟とも言われる「$E=mc^2$」について知る必要がある。Eはエネルギー、mは質量、cは光速である。この式は「左辺のエネルギーと右辺の質量は等価である」ということを意味している。* 別の言葉で言い換えると、「質量からエネルギーを生み出すこともできるし、エネルギーから質量を生み出すこともできる」ということになる。

「質量からエネルギーを生み出す」具体例に、原子力発電がある。原子力発電では、ウラン235という放射性物質を燃料として使う。ウラン235が核分裂反応（原子核が複数に分かれる反応）を起こすと、その質量の一部が失われる。つまり、核分裂前のウラン235の質量と核分裂後の生成物をすべて足し合わせた質量を比較すると、核分裂後の質量の方が小さくなるのだ。原子力発電では、この失われた質量がエネルギーに転化し、そのエネルギーを利用して発電が行われている。

　一方、加速器は「エネルギーから質量を生み出す」具体例の一つだ。加速器とは、粒子を加速させる実験装置のことである。素粒子物理学では、加速器を使って加速させた粒子どうしをぶつけたり、加速させた粒子を標的にぶつけたりして、その際に起きる反応を調べるということが行われる。

現在、世界最強のエネルギーを生み出すことができる加速器は、スイスのジュネーブ郊外にあるＣＥＲＮ（ヨーロッパ原子核研究機構）のＬＨＣ（Large Hadron Collider：大型ハドロン衝突型加速器）である。ＬＨＣは地下１００メートルのトンネル内に設置された全周27キロメートルの環状の加速器で、陽子をほぼ光速まで加速し、陽子どうしを正面衝突させることで一点に大きなエネルギーを集中させることができる（**図II－2**）。このエネルギーを使って、さまざまな粒子を作り出すことができるのだ。

ＬＨＣでの陽子どうしの衝突エネルギーは最大約14テラ電子ボルト（TeV）、すなわち約14兆電子ボルトに達する。電子ボルト（eV）はエネルギーの単位で、１電子ボルトは、電子を１ボルトの電圧で加速した際に得られるエネルギーに相当する。Ｔは１兆を意味する接頭語で「テラ」と読む。

加速器は、この衝突のエネルギーが大きいほど重い素粒子（質量の大きな素粒子）を生み出すことができる。たとえば、ヒッグス粒子という素粒子の質量は約０・１２６TeVであり、ＬＨＣで生成できる。ヒッグス粒子は、あらゆる素粒子の質量の起源に関わる素粒子で、１９６４年にピーター・ヒッグスらによってその存在が理論的に予言され、２０１２年に実際にＬＨＣで発見された。

＊　光速ｃは毎秒29万９７９２・４５８キロメートルという定数であり、c^2も当然定数である。キロメートルという長さの単位は人為的に決められたものであり、29万９７９２・４５８という数値に普遍的な意味はない。そこで、29万９７９２・４５８キロメートルを1とする新しい単位（自然単位系と呼ばれる）で考えれば、$E=mc^2$の式は、単に「E=m」という式に書き直せる。つまり、「エネルギーは質量と等価である」ということになる。

ＬＨＣは２０１５年に13 TeV の衝突エネルギーを達成し、当初は超対称性粒子の発見も期待されていた。しかし２０２５年３月現在、残念ながら超対称性粒子の発見には至っていない。

とはいえ、このことだけで「超対称性粒子は存在しない」とまでは言えない。超対称性粒子の質量は分かっておらず、単にＬＨＣのエネルギーが足らず、超対称性粒子を生み出すことができていないだけかもしれないからだ。超対称性粒子は近未来の加速器で手が届くような質量ではなく、もっともっと重いのではないかという見方も出てきており、今後の研究の進展に注目が集まっている。

ＣＥＲＮは、衝突エネルギー１００TeV を目指したＦＣＣ（Future Circular Collider）という加速器の建設計画を進めている。ＬＨＣが全周27キロメートルであるのに対し、ＦＣＣは全周91キロメートルだ。ＬＨＣで超対称性粒子が発見できなくても、ＦＣＣなどの将来の実験によって発見される可能性はまだ残されている。

ＦＣＣの建設が本当に実現するかどうかはまだ分からないが、計画では稼働は第1フェーズ（０・35 TeV：電子・陽電子の衝突）が２０４０年代半ば、第2フェーズ（１００TeV：陽子・陽子の衝突）が２０７０年代とまだまだ先の話である。ＬＨＣの総工費は約46億スイスフラン（約８０００億円）だったが、ＦＣＣは第1フェーズだけで１５０億スイスフラン（約2兆６０００億円）にも達するとされている。次世代の加速器を建設する経済的ハードルはどんどん高くなっているのが現状だ。

なお、中国でも同様の「ＣＥＰＣ（Circular Electron Positron Collider）」という全周１００キロメートルのトンネルを使った円形加速器計画があり、ＣＥＲＮよりも早く、２０３０年代に電子・陽電子衝突型として稼働させる計画だ。そして将来的には、そのトンネルを利用して陽子・陽子衝突型の加速器「ＳＰＰＣ（Super Proton Proton Collider）」を建設する計画だという。

将来、超対称性粒子がこれらの実験で仮に発見できたとしても、残念ながらそれだけで超ひも理論を実証したことにはならない。しかし発見できれば、超ひも理論に対する信頼度は大きく増すことだろう。

なお、超対称性粒子は宇宙の質量の大半を占める「ダークマター」の候補の一つでもある。光子などの電荷を帯びていない素粒子（ボース粒子）の超対称性パートナーである「ニュートラリーノ」（フェルミ粒子）がその候補の一つだとされている。*

高次元空間の存在は実証できるか？

超ひも理論の驚くべき予言の一つに、「この世界は９次元空間である」というものがある。目に見える空間は縦・横・高さの３次元なので、さらに六つの次元が隠れていることになるわけだ。このような隠れた次元は「余剰次元」と呼ばれている。

第８章で紹介したように、余剰次元は通常はひもと同じ程度のサイズ、つまり10^{-35}メートルほどのサイズで小さく丸まっており、その結果、私たちには見えなくなっていると考えられている。もしこれ

＊　ダークマターの候補は、このほかにもいろいろと考えられており、近年は「アクシオン」と呼ばれる未発見の素粒子もその有力候補として注目を集めている。アクシオンは、電子などと比べて極めて質量の小さい素粒子だと考えられている。

が本当なら、ひもの直接観測と同じく、余剰次元の存在の証拠を現在や近未来の科学技術で直接とらえるのは不可能だろう。

ただし理論的には、ひもや余剰次元がもっと大きい可能性も残されている。これまでのＬＨＣなどの素粒子物理学の実験で調べられているのは10^{-19}メートル程度までだ。そのため、ひもや余剰次元のサイズがそれより十分に小さければ（理論的には不自然さは残るものの）、ひもや余剰次元の存在がこれまでに確認されていないことに実験的な矛盾はないことになるのだ。

10^{-19}メートルというと、原子核の1万分の1～10万分の1程度と、私たちの感覚からすれば極めて小さいが、通常考えられているひもや余剰次元のサイズである10^{-35}メートルと比べると、圧倒的に大きい。もしこのような比較的大きな余剰次元が存在しているなら、未発見の粒子が将来、加速器実験によって見つかる可能性がある。このような粒子は「カルツァ＝クライン粒子（ＫＫ粒子）」と呼ばれている。ＫＫ粒子は簡単に言うと、余剰次元の方向に動いている粒子のことだ。

たとえば、重力を伝える素粒子である「重力子」が余剰次元方向に動くと、ＫＫ粒子（ＫＫ重力子）として観測される。重力子の質量は本来ゼロだが、余剰次元方向に運動すると、３次元の住人である私たちには質量をもつ別の粒子のように見えるのだ。このようなＫＫ粒子が見つかったら、それは余剰次元が実際に存在していることの証拠となる。

現在もＫＫ粒子はＬＨＣなどの加速器実験で探されているが、残念ながら今のところ発見には至っていない。今後のさらなる探索に期待したいところだ。

私たちの宇宙は高次元空間に浮いている？

1990年代の終わり頃から、余剰次元がさらにもっと大きい可能性についても議論されるようになってきている。物理学者のニマ・アルカニハメドらが、余剰次元のサイズは1ミリメートルくらいあるかもしれないと指摘したのだ。

1ミリメートルは、肉眼でも十分に識別できる大きさだ。そんなに大きな余剰次元があったとしたら、なぜ私たちはその存在を見落としていたのだろうか？　ここで登場するのが「ブレーンワールド（ブレーン宇宙論）」という考え方である。

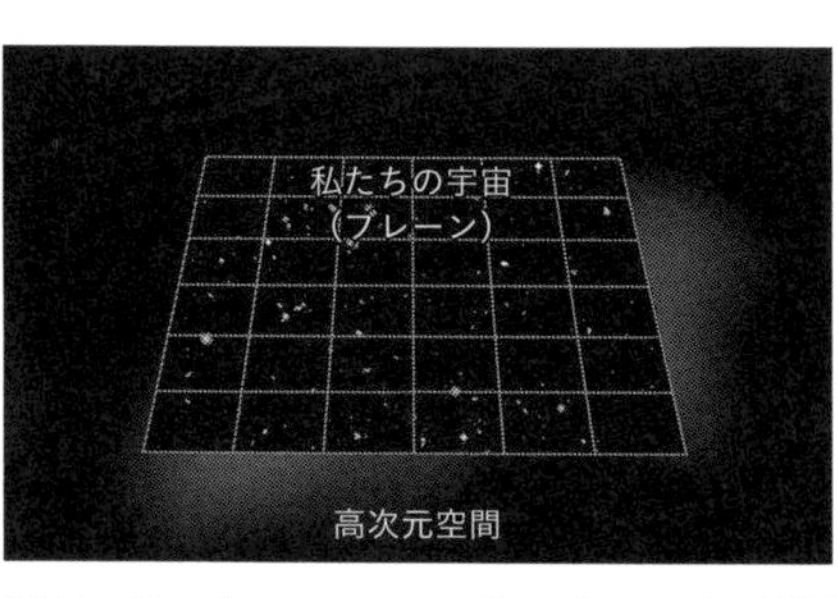

図11－3　ブレーンワールドのイメージ。平面で表した私たちの宇宙（ブレーン）は便宜上、途中で切って描いたが、実際はずっと先まで続いている。

ブレーンワールドとは、「私たちの宇宙は高次元空間に浮いた膜（ブレーン：brane）のような存在である」という考え方のことである（**図11－3**）。ブレーンワールドは、そのままだと絵にすることができないので、**図11－3**では、3次元空間である私たちの宇宙を1次元落として2次元の面として表現している。

ブレーンワールドの通常の考え方では、ほとんどの素粒子はブレーンにくっついたまま離れられず、余剰次元の方向（**図11－3**の平面に対して垂直な方向）には動けないと考える。私たちの体を構成している素粒子（電子やクォーク）もブレーンにくっついているため、余剰次元方向に動くことはできない。た

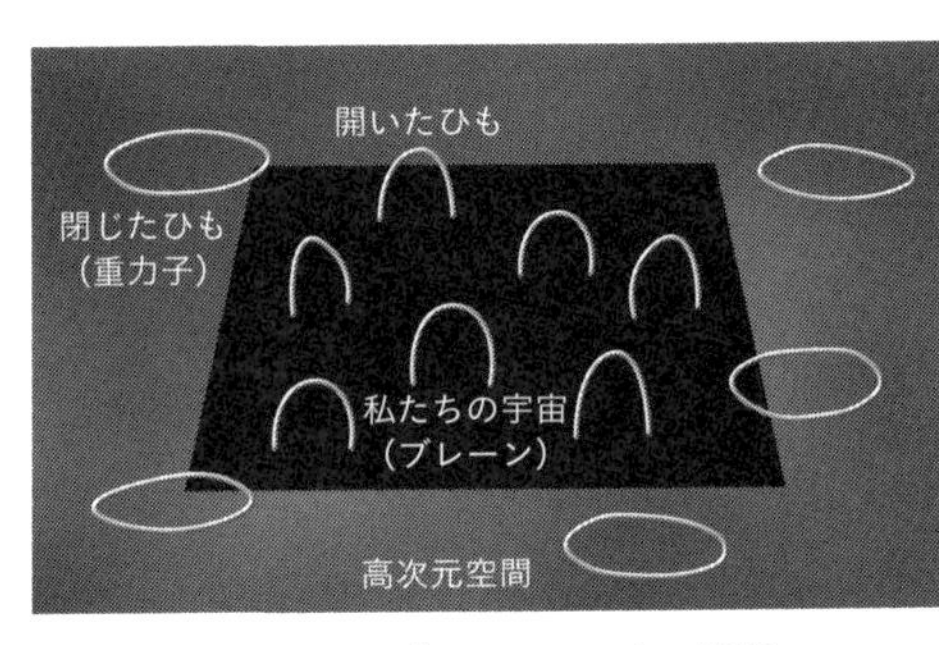

図II－4　ブレーンとひもの関係

だし、ブレーンの表面は滑るようにして動くことができる。

光の素粒子である光子もブレーンにくっついていて、その表面でしか動けない。そのため、余剰次元方向から光がやってくることはない。そのような光で世界を認識している私たちは、当然、余剰次元方向を見ることはできないことになる。

超ひも理論に登場するひもには2種類ある。両端がある「開いたひも（開弦）」と、両端がくっついて環状になった「閉じたひも（閉弦）」だ。閉じたひもは、重力を伝える素粒子である「重力子」に対応する。それ以外の素粒子は開いたひもだ。超ひも理論によると、開いたひもの両端は、ブレーンにくっつく性質がある。そのため、開いたひもである素粒子はブレーンから離れられないことになる（**図II－4**）。以上のように考えれば、大きな余剰次元が存在していたとしても、私たちがその存在に気づけないことを説明できる。

一方、閉じたひもである「重力子」はブレーンとくっつく端をもたないので、ブレーンを離れて余剰次元方向にも自由に動くことができる。つまり、「余剰次元方向には重力が伝わる」ということになる。*

3次元空間での重力は「距離の2乗」に反比例して弱まっていく

実は、この「余剰次元方向にも伝わる」という重力の性質を使って、大きな余剰次元の存在を実証できる可能性がある。その方法とは、「短い距離で働く重力を精密に測定する」というものだ。

重力というと、地球のような大きな天体が小さな物体を地面の方向に引っ張る力というイメージがあるかもしれない。それも重力で間違いないのだが、より正確には、重力とは、質量をもつあらゆる物体の間に働く引力のことであり、そのため「万有引力」とも呼ばれている。天体以外の小さな物体（質量の小さな物体）の間に働く重力は極めて小さいが、たとえばあなたの体とコーヒーカップの間にも、重力が働いている。

重力の強さは、物体間の距離の2乗に反比例することが知られている。距離が2倍になれば、重力の強さは4分の1に弱まるわけだ。逆に距離が2分の1になれば、重力は4倍に強まることになる。このような法則性は「逆2乗則」と呼ばれている。

逆2乗則は幾何学的に理解することができる。磁石の周囲の磁力線と同じように、地球（重力源）から四方八方に「重力線」が出ているとしよう（**図II－5**）。磁石の場合、磁力線が密な場所ほど磁力が強いが、同じように、重力線が密な場所ほど重力が強くなると考える。

図II－5を見ると、地球から出た同じ本数の重力線が、距離1のところではマス目1個分の面積を

＊　ブレーンワールドの考え方は超ひも理論の研究から派生して生まれたのだが、超ひも理論に必ずしも基づいていないブレーンワールドの理論モデルもある。

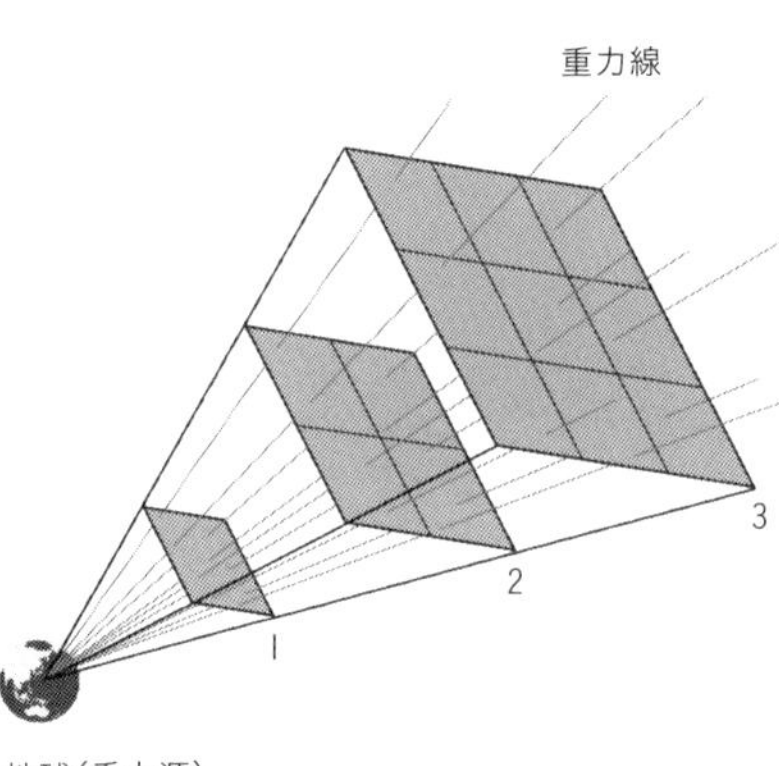

図 II－5　重力の逆2乗則

貫き、距離2の場所ではマス目4個分の面積を貫き、距離3の場所ではマス目9個分の面積を貫いていることが分かるだろう。つまり、距離1の場所と比較すると、距離2の場所では重力の強さ（＝重力線の密度）は4分の1になり、距離3の場所では9分の1になる。以上のように、重力線の存在を仮定するだけで、幾何学的に重力の逆2乗則を導くことができる。

なお、電荷の間に働く電気力や光の明るさなども逆2乗則に従うことが知られているが、これらも同じようにして理解することができる。

高次元空間で重力はどのように伝わる？

実は以上の考え方は、3次元以上の高次元空間に働く重力にも応用できる。たとえば4次元空間の幾何学を考えると、4次元空間では重力の強さは距離の3乗に反比例することになる。一般的にはN次元空間（Nは正の整数）では、重力の強さは距離のN－1乗に反比例することになる。次元が増えるほど、重力線が広がっていく空間が増えるので、その分、遠くに行くほど急速に重力線の密度が減っていくことになるわけだ。

もし実際に余剰次元が存在していたら、余剰次元より十分に大きい距離では、普通の3次元空間と

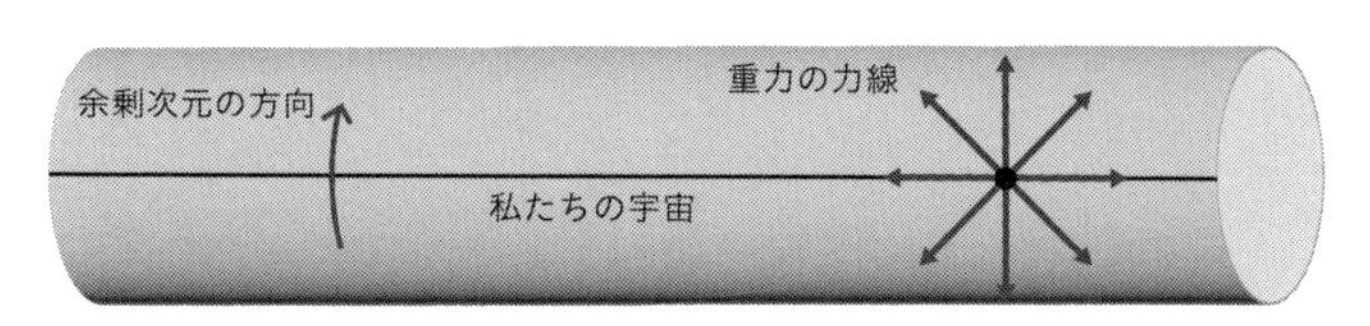

図 11－6　丸まった余剰次元を一つもつ、4次元の世界のイメージ。私たちの住む宇宙（3次元空間）を2次元落として1本の線として表現している。余剰次元より短い距離では力線が4次元空間を広がっていくので、重力は逆3乗則に従う。しかし余剰次元より十分に長い距離では、余剰次元に広がった力線はぐるっと一周して元に戻ってくる。その結果、重力は、通常通りの逆2乗則に従うことになる。なお、ここでは説明の都合上、余剰次元が一つだけ存在する図を描いたが、アルカニハメドらが実際に考えたのは大きな余剰次元が二つ存在する場合である。

同じように重力は逆2乗則に従うが、余剰次元と同程度のサイズより短い距離になってくると逆2乗則からずれてくることになる（**図11－6**）。これを確かめれば、余剰次元が存在することを実証できるわけだ。

重力の逆2乗則は、天体スケールでは精度よく成り立っていることが観測によって確かめられている。しかしアルカニハメドらが1ミリメートルサイズの余剰次元の存在の可能性を指摘した1990年代終わり頃には、ミリメートル程度の距離での重力の強さは測定されていなかった。

そこで、そういった短い距離での重力の測定実験がさまざまな研究グループによって行われるようになった。その結果、現在では0・1ミリメートル（100マイクロメートル）程度まで逆2乗則が成り立っていることが確かめられている。つまり余剰次元が仮に存在していたとしても、このサイズよりは小さいだろうということになる。*

今のところ余剰次元が存在する兆候は見えていないわけだが、今後、同様の実験をより精密化していくことで、余剰次元が存在する証拠が得られる可能性は残されている。

ミニブラックホールを人工生成させる実験

余剰次元の存在による重力の逆2乗則からのずれを利用して、なんと人工的にブラックホールを作れる可能性も理論的に指摘されている。

原理的には、物体を超高密度につぶしてしまえば、どんなものでもブラックホールになる。たとえば、地球を直径1・8センチメートルにまで圧縮することができれば、ブラックホールが形成される。

人工的にブラックホールを作るのに使われるのは、またしても加速器である。世界最強の加速器LHCは、陽子どうしをほぼ光速まで加速させた上で衝突させるが、この際、非常に小さな領域に大量のエネルギーが集中することになる。前述の通りエネルギーは質量と等価なので、これは非常に小さな領域に大きな質量が集中したのと同じことになる。

とはいえ、陽子のようなミクロなスケールでも重力が逆2乗則に従っているのなら、LHCで到達できるようなエネルギーでは、ブラックホールの形成にはまったく足りない。しかしもし仮に大きな余剰次元が存在していて、ミクロなスケールで重力が逆2乗則からずれて強くなっていれば、ブラックホールが形成される可能性が出てくる。

たとえば、重力が逆2乗則に従っているとすると、あるサイズの2分の1の距離では重力は4倍になり、3分の1の距離では9倍になる。一方、重力が逆3乗則に従っているとすると（余剰次元が一つある場合）、あるサイズの2分の1の距離では重力は8倍になり、3分の1の距離では27倍になる。重力が逆4乗則に従っているとすると（余剰次元が二つある場合）、あるサイズの2分の1の距離では重力は16倍になり、3分の1の距離では81倍になる。

つまり余剰次元が存在すれば、短い距離では重力が急激に強くなるのである。しかも余剰次元の数が多いほど、その増加は凄まじいものとなる。この効果によって、物体を圧縮すればするほど、自らの重力でつぶれていく作用が強まっていくので、人工ブラックホールが形成できる余地が生まれてくるのだ。

「人工的にブラックホールなんて作ったら危ないのではないか」と心配されるかもしれないが、その恐れはないので安心してほしい。加速器で作られるようなミニサイズのブラックホールは、量子力学的な効果によって瞬時に蒸発してしまうと考えられているからだ。

ブラックホールの蒸発とは、ブラックホールが光子などの素粒子を大量に放出して消滅することを言う。この現象は、車いすの天才物理学者としても知られるスティーヴン・ホーキングが１９７４年に理論的に明らかにした。天体サイズのブラックホールの蒸発は極めてゆっくりで、放出される光子はごくごく微量のため検出することはできない。しかしブラックホールが小さくなってくると、光子などの放出が顕著になってくることが分かっている。つまりブラックホールは小さいほど、蒸発しやすいのだ。

加速器でミニブラックホールが形成され、それが蒸発すると、周囲に放出されたさまざまな粒子が

＊（１９７頁）　ブレーンワールドにもさまざまな理論モデルがあるので、これより大きなサイズの余剰次元が完全に否定されたとまでは言えない。

周囲の検出器でとらえられる。それらは特徴的なシグナルになるので、ミニブラックホールの形成と蒸発を実証できると考えられている。

ただし、ブラックホールが蒸発するというのはあくまで理論的な予測であって、実験的な証拠は今のところない。それでも人工ミニブラックホールの生成を恐れることはない。ＬＨＣで到達できるようなエネルギーより圧倒的に高エネルギーの宇宙線（宇宙に由来する放射線）が地球には降り注いでおり、ＬＨＣでミニブラックホールが形成できるなら、宇宙線によってもミニブラックホールが常に作られ続けているはずだからだ。宇宙線は主に高速の陽子からなり、大気中の空気の分子（窒素分子や酸素分子など）の原子核と衝突し、ＬＨＣ実験と同じような現象を常に引き起こしているのだ。

過去に宇宙線によって生じたミニブラックホールが地球に害をなした事例は知られていないので、ミニブラックホールが形成されても、理論通りすぐに蒸発するのだと考えられる。もしくは大きな余剰次元は存在せず、宇宙線のエネルギーでもミニブラックホールの形成にまでは至らないのかもしれない。

残念ながらＬＨＣの実験では、今のところ、ミニブラックホールが形成されたという報告はなされていない。今後の実験に期待したいところだ。

なお、余剰次元の存在を予言しているのは超ひも理論だけではないので、その存在を確認できたとしても、すぐに超ひも理論が実証されたとまでは言えない。とはいえ、超ひも理論への信頼度は大きく増すことだろう。

ここまで見てきたように、超対称性粒子にしろ、余剰次元にしろ、その存在の実証はまだまだ道半ばであり、今後のさらなる検証が期待される。しかし、両者の検証で重要な役割を果たす加速器実験はコストの増大が大きな壁として立ちはだかっている。何らかの新しいアイディアによる超ひも理論の検証が将来的には必要なのかもしれない。

第11章の要点

・マルチバース宇宙論の土台の一つ、超ひも理論は未完成であり、実験や観測による検証も経ていない。
・超対称性粒子が見つかれば、超ひも理論の傍証の一つになる。しかし、長年の探索にもかかわらず、残念ながら超対称性粒子はまだ見つかっていない。
・隠れた次元（余剰次元）の存在が実証されれば、超ひも理論の傍証の一つになる。余剰次元もさまざまな方法で探索されているが、いまだその証拠は見つかっていない。
・今後も物理学者たちは、超対称性粒子や余剰次元の探索を続けていく。

第12章　並行宇宙の存在は実証できるか

1989年に発売された世界的ベストセラー『ホーキング、宇宙を語る』は、当時の日本にちょっとした宇宙論ブームを巻き起こし、その影響でさまざまな出版社から宇宙をテーマにした書籍がたくさん刊行された。その中の一つ、『ホーキングの宇宙』というムックには「宇宙に子がある話」（鹿野司著）という記事があり、佐藤勝彦らによる「宇宙は多重発生する」という理論モデルが紹介されていた。記事中には、佐藤の手のひらの上に〝小さな佐藤〟が乗り、その小さな佐藤の手のひらの上にさらに小さな佐藤が乗る……という合成画像が掲載されている。それぞれの佐藤が並行宇宙を表し、宇宙が多重発生する様子を表現しているわけだ。何ともユーモラスな画像で、私はマルチバース宇宙論というと、今でもまずこの画像を思い出してしまう。

さて、最終章となる本章では、これまでに出てきたいくつかのマルチバースの考え方を物理学者マックス・テグマークの考え方に基づきながら整理し、さらに佐藤らの「宇宙の多重発生モデル」など、これまでに紹介してきた標準的なマルチバース宇宙論とは異なる理論モデルもいくつか紹介していく。

そして〝別の宇宙〟の存在を実証する方法についても考えてみよう。

マルチバースは入れ子構造になっている

私たちの住む宇宙（泡宇宙）は１３８億年前に生まれた。長い年月に思えるが、それでも有限の時間なので、その全歴史の間に光が進める距離は有限である。その結果、私たちが観測可能な領域も有限になる。光が旅してきた年数を使ってそのまま距離を表すと、観測可能な領域は半径１３８億光年の球内ということになる。

保守的な立場の研究者の中には、「この観測可能な領域こそが「宇宙」であり、その外の原理的に観測不能な領域は科学の対象ではない」と考える人もいる。そのため、１３８億光年先は「宇宙の果て」と表現されることもある。

マルチバース宇宙論では、この観測可能な宇宙の果ての先も「存在する」と考える。このこと自体はさほど突飛なことではなく、多くの研究者が認めていることだ。観測可能な宇宙の果てまでの距離は時間が経つほど大きくなる。たとえば1年後には、さらに1光年先から光が届くようになるので、観測可能な領域は半径にして1光年分広くなる。その広くなった分は「元から存在していた」と考えるのが自然なので、さらにその先も存在しているはずだと考えられるわけだ。

観測可能な領域の外がどこまで広がっているかは不明だが、通常は観測可能な領域よりはるかに広いと考えられている。テグマークは、私たちの観測可能な領域と同じ体積をもつ、宇宙の別の領域を「レベル1並行宇宙」と呼んでいる。レベル1並行宇宙の中心にいる知的生命体にとっては、レベル

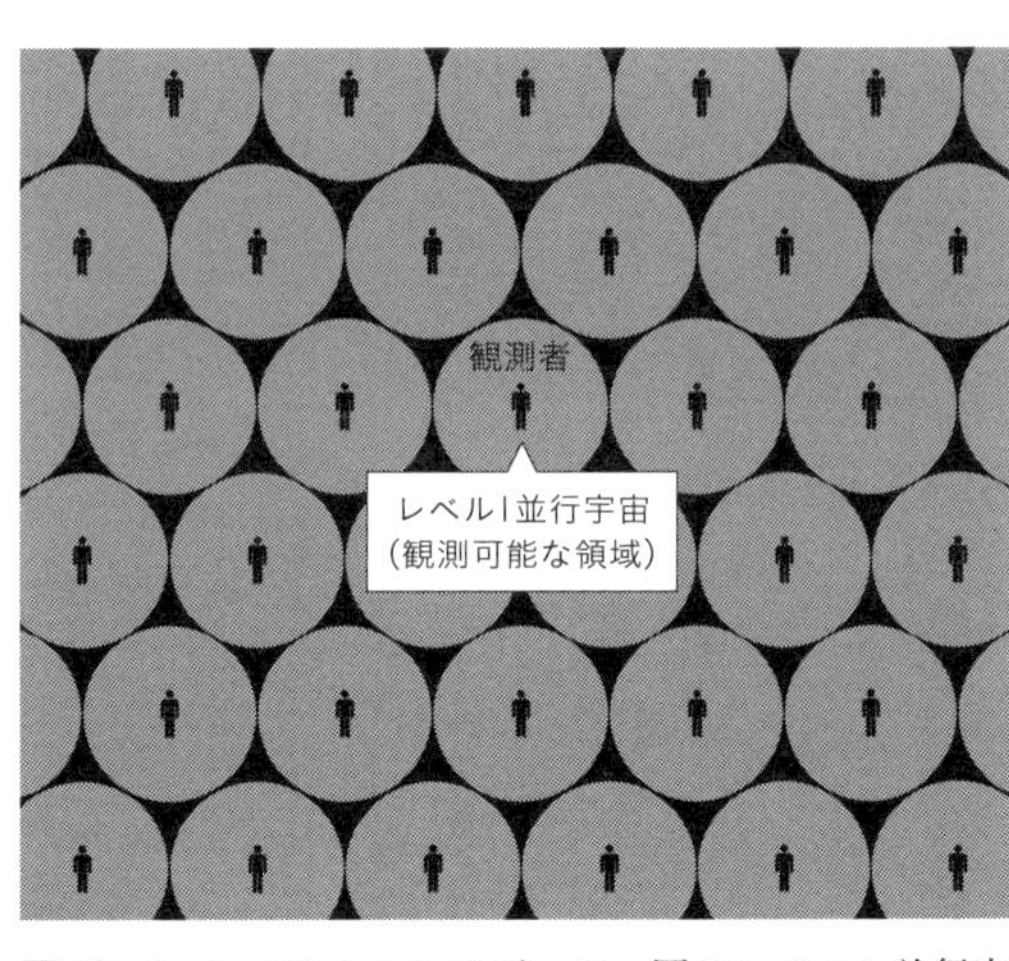

図 12－1　レベル１マルチバース。図のレベル１並行宇宙は恣意的に並べたもので、隙間が空いているが、そこに深い意味はない。

1並行宇宙が「観測可能な領域」ということになる。

そして私たちが観測可能な領域の外には、このようなレベル1並行宇宙が無数に存在する。このようなレベル1並行宇宙の集まりをテグマークは「レベル1マルチバース」と呼んでいる（**図12－1**）。

さらに広い視点で考えてみよう。永久インフレーションを起こしている広大な空間のあちこちでインフレーションが終了し、それぞれが別々の泡宇宙へと成長していく（第5章）。一つの泡宇宙の中には、無数のレベル1並行宇宙、すなわちレベル1マルチバースが内包されていることになる。テグマークはこの一つ一つの泡宇宙を「レベル2並行宇宙」と呼び、無数の泡宇宙の集合を「レベル2マルチバース」と呼んでいる（**図12－2**）。

レベル2マルチバースは、基本的な物理法則の枠組みこそ共通だが、物理定数はレベル2並行宇宙ごとに異なっている。そのため、私たちが属すレベル2並行宇宙とは別のレベル2並行宇宙は大きく異なった世界だと考えられ、おそらくそのほとんどには私たちのような生命は住んでいないだろう。

一方、レベル1マルチバースの中の個々のレベル1並行宇宙は同じインフレーションの終了（ビッグバン）を経験しているので、物理定数も共通していると考えられる。

量子力学の多世界解釈によると、レベル2マルチバース全体（レベル3並行宇宙）も、それぞれの歴史の可能性の数だけ存在することになる。これらすべてのありえた世界の集合をテグマークは「レベル3マルチバース」と呼んでいる。

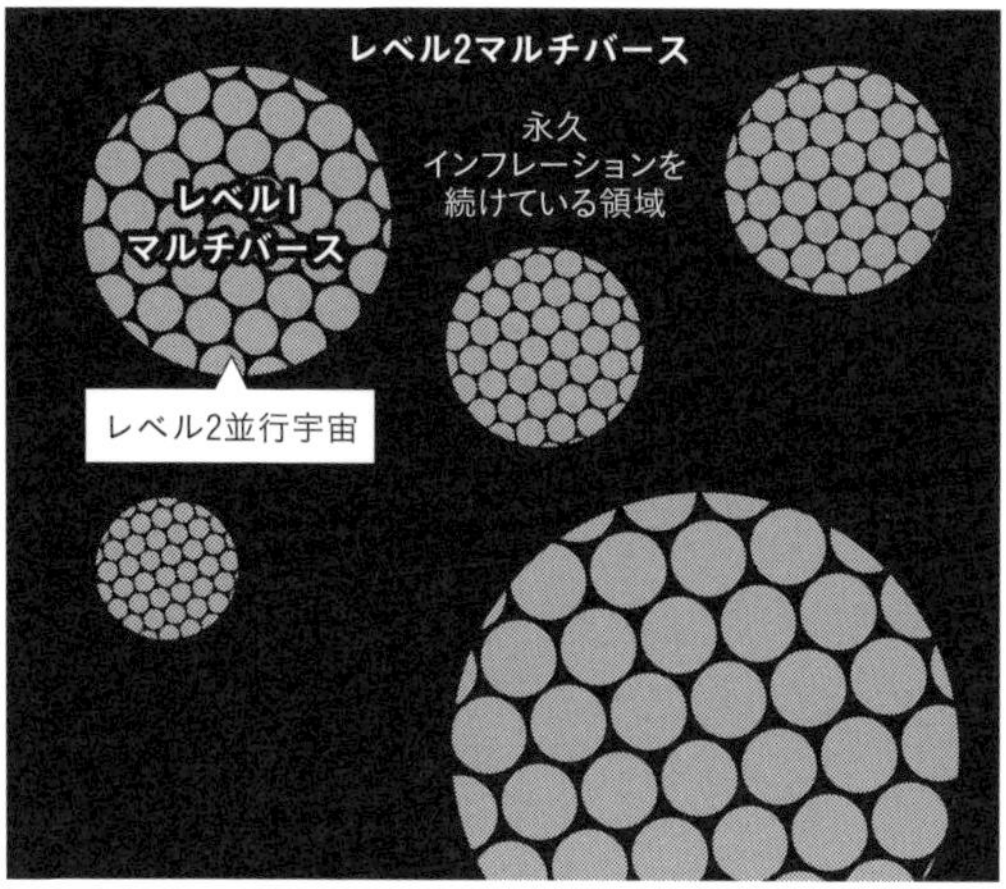

図 12－2　レベル 2 マルチバース

レベル3までは、標準的なマルチバース宇宙論におおよそ沿った分類だが、さらにテグマークは、基本的な物理法則すら異なっている宇宙、つまり量子論や一般相対性理論に従っていないような宇宙も実在するはずだとして、それらすべての宇宙の集合を「レベル4マルチバース」と呼んでいる。

以上のことから分かるように、マルチバースは、レベルの異なるマルチバースの入れ子構造になっていると考えることができる（**口絵2**）。

なお、本書の内容を整理するのに便利なのでテグマークの分類を紹介したが、これはあくまでマルチバースに対する一つの考え方であり、他にもさまざまな考え方があることを付け加えておく。

さまざまなマルチバース宇宙論

ここまでに説明してきた標準的なマルチバース宇宙論のシナリオ以外にも、「宇宙は無数に存在する」ということを主張する仮説はいくつも存在する。

たとえば、「「無」から無数の宇宙が誕生した」というアレキサンダー・ビレンキンが1982年に提唱した説もその一つだ（第3章）。量子論によると、空間や時間さえも存在しない「無」は、量子揺らぎの効果のため「無」であり続けることができず、常に揺らいでいる。

そして「無」から無数の微小な宇宙が生まれては消えるということが繰り返され、その中でたまたま条件を満たした一部の宇宙がインフレーションを起こし、広大な宇宙へと成長した。その中の一つが私たちの宇宙であるというのが、ビレンキンが示したマルチバースのシナリオである。

インフレーション理論の創始者の一人である佐藤勝彦らが1982年に同理論をもとに提唱した「宇宙の多重発生モデル」も広く知られている。

佐藤らは、**図12－3**のような真真空の泡に囲まれた偽真空の領域について考えた。**図12－3**の左は断面図であり、中心の偽真空の領域は、実際には3次元的にあらゆる方向から真真空の泡に囲まれている。なお、偽真空とは真空のエネルギーが高くインフレーションを起こしている領域であり、真真空とは、インフレーションが終了して真空のエネルギーが低くなっている領域のことである。

真真空の泡は広がっていき、中心の偽真空の領域を押しつぶしていくが、一方で中心の偽真空の領域はインフレーションを続けるはずだ。つまり、中心の偽真空の領域は、真真空側から見ると縮んで

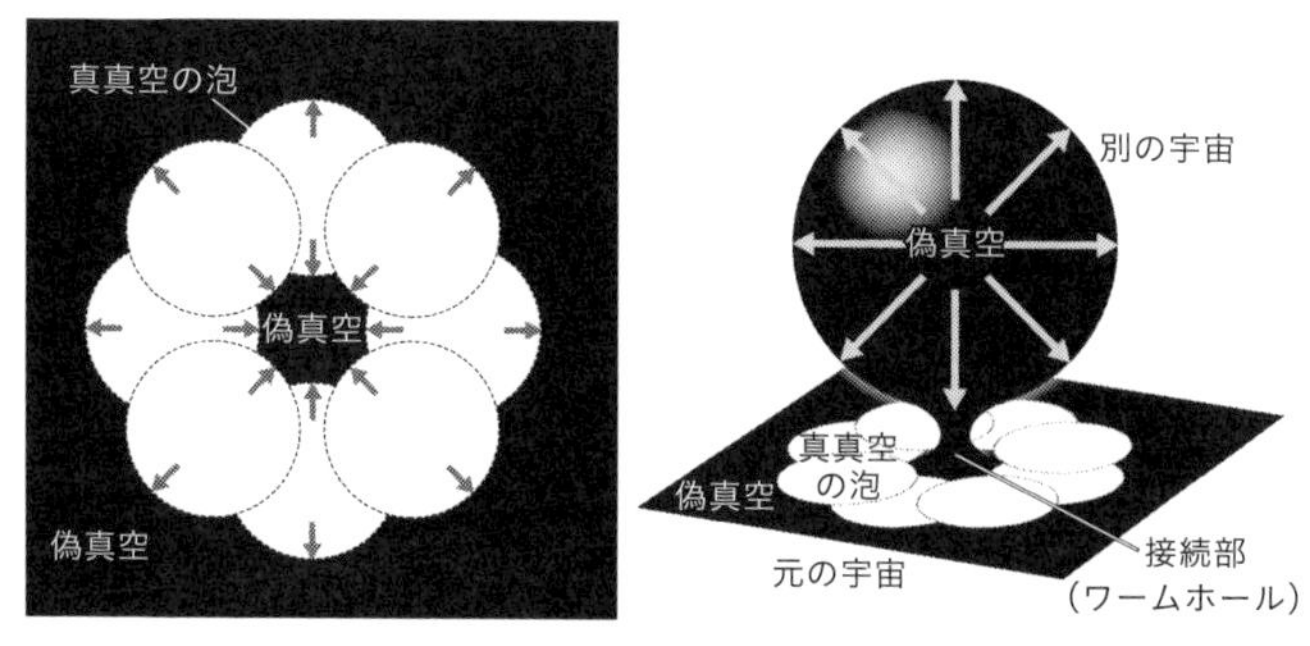

図 12－3　佐藤らによる宇宙の多重発生モデルの模式図。真真空の泡に囲まれた偽真空の領域（左）は、元の宇宙から飛び出して別の宇宙となってインフレーションを続ける（右）。なお、右の図の元の宇宙は便宜上、1 次元落として 2 次元の面として描いている。別の宇宙が広がっているのは、ある意味で“元の宇宙の外”である。

いくはずなのに、その中から見ると膨張しているという一見、矛盾しているようにも思える振る舞いをすることになる。

この点について、佐藤は当時の心境を「これはどう考えても、われわれの常識に反するパラドックスである。最初は単純な計算間違いではないかと思ったが、アインシュタイン方程式を何度解いてみても同じ結果しか得られなかった」（著書『壺の中の宇宙』）と語っている。なお、アインシュタイン方程式とは、宇宙論の土台となっている一般相対性理論の基礎方程式のことである。

最終的に佐藤らは、この中心の偽真空の領域は元の宇宙から飛び出して、別の宇宙として膨張を続けていくと考えた（**図12－3**の右）。佐藤によると、元の宇宙と別の宇宙をつなぐ接続部（「ワームホール」または「アインシュタイン＝ローゼンの橋」と呼ばれる）はいずれ切れてしまい、元の宇宙と別の宇宙は完全に分離されてしまうという。このような現象は元の宇宙のあちこちで起き、さらには別の宇宙のあちこちでも起きるため、無数の宇宙の生成が果てしなく繰り返されることになる。

ブラックホールの中は別の宇宙につながっている?

「ループ量子重力理論」という超ひも理論とは別の量子重力理論(量子論と一般相対性理論を統合する理論)の研究でも知られる物理学者リー・スモーリンは、「ブラックホールが別の宇宙を生み出す」という一風変わったマルチバースを考えている。

ブラックホールは、周囲の空間が極端に曲げられて、その結果、光を含めてあらゆるものが中心に向かって引っ張られ、脱出不可能となる領域である。太陽の30倍程度以上の質量をもつ重い恒星が生涯の最期に超新星爆発という大爆発を起こし、その際に中心部が自らの重力で収縮することで形成される(**図12-4**)。元の恒星の中心部は、「特異点」と呼ばれる大きさゼロ、密度無限大の点にまで縮んでしまうと考えられている。第3章でも紹介したが、特異点では、物理学の理論は未来に何が起きるかについての予測能力を失ってしまう。特異点で何が起きるかは、現在の物理学ではよく分かっていないのだ。

実は宇宙のありえる〝死〟のシナリオの一つに、ブラックホールの特異点の形成とよく似た話がある。それは「ビッグクランチ」と呼ばれるものだ。20世紀の終わり頃に私たちの宇宙が加速膨張していることが天文観測によって明らかになったが、このことが分かる前までは、宇宙は減速膨張してい

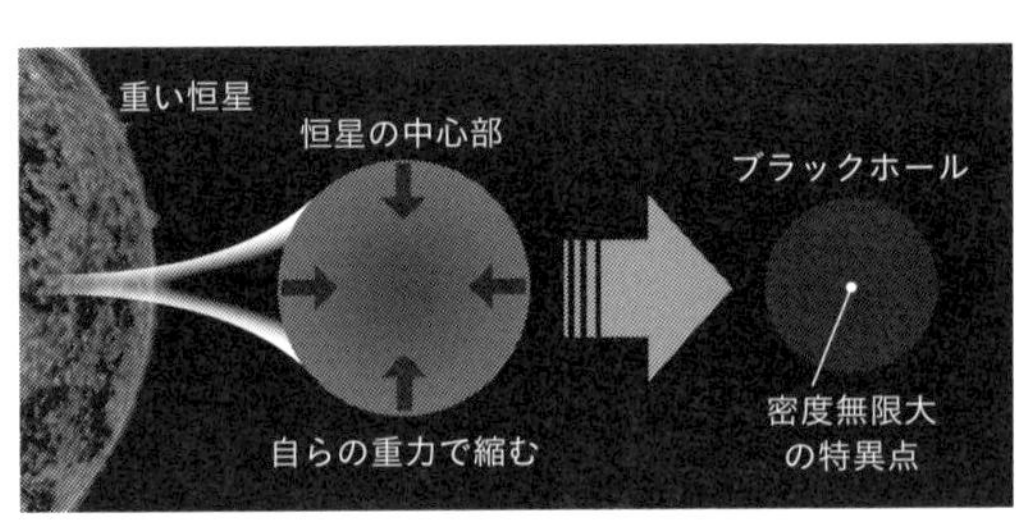

図12-4 ブラックホールの形成

るはずだと考える研究者が多かった。宇宙に存在する物質の重力が、宇宙の膨張を引き戻す方向に作用することが分かっていたからだ。

宇宙の膨張が減速しているとしたら、いつの日か宇宙の膨張が止まり、その後、宇宙が収縮に転じる可能性がある。そして、収縮を続ける宇宙はいずれ密度が無限大の特異点に達してしまう。これが「ビッグクランチ」と呼ばれる宇宙の死だ。

ビッグクランチは宇宙の完全なる死ではなく、そこから〝はね返って〟ふたたび宇宙が膨張に転じると考える説もある。これはいわば宇宙の輪廻転生であり、このような説は「サイクリック宇宙論」または「振動宇宙論」などと呼ばれている。

スモーリンはこれと似たことがブラックホールの中でも起きると考えた。恒星の中心部が極限にまで縮んだ後、周囲の空間が〝はね返って〟、新しい宇宙を形成するというわけだ。ただし、この過程はブラックホールの外からは一切観測することができない。ブラックホールの中からは、光を含めたあらゆるものが外に出てくることができないからだ。

ブラックホールの中で新しく生まれた広大な宇宙でも星が生まれ、ブラックホールが形成され、また同じことが起きる。これが繰り返されていくというシナリオが、スモーリンが考えるマルチバース宇宙論である。*

---

*　スモーリンによるマルチバースについての仮説は、彼の著書『宇宙は自ら進化した』で詳しく論じられている。

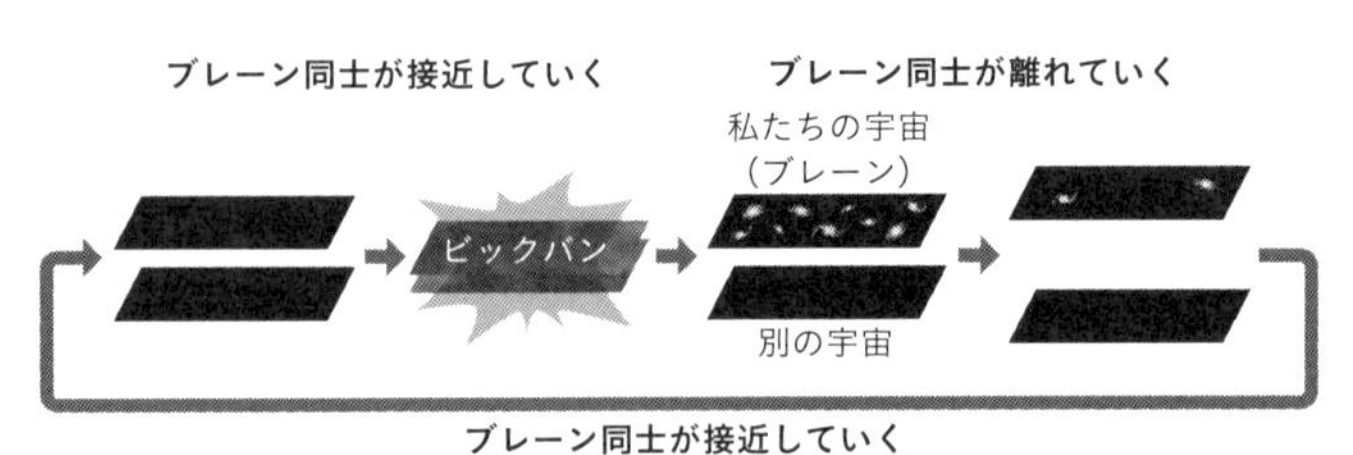

図 12－5　エキピロティック宇宙モデル

高次元空間には複数の膜宇宙が存在する？

第11章で紹介したブレーン宇宙論（ブレーンワールド）にも、複数の宇宙（ブレーン）の存在を仮定しているものがある（第11章の冒頭で述べた『シン・ウルトラマン』に登場する〝別の宇宙〟は実はこのブレーンのことである）。その中でも有名な理論モデルにポール・スタインハートらが2001年に提唱した「エキピロティック宇宙モデル」がある。エキピロティックは、ギリシア語の「業火」や「大火」を意味する言葉に由来している。

ブレーン宇宙論とは、私たちの宇宙を高次元空間に浮いた膜のような存在だと考える理論である。物質や光などは、この膜（ブレーン）にくっついていて離れられないため、私たちは高次元空間の存在に気づくことができない。

エキピロティック宇宙モデルでは、私たちの住むブレーンとは別のブレーンが高次元空間の離れた場所に平行に位置していると考える。ブレーンどうしは重力によって引き合い、いずれ衝突する。すると、その衝突のエネルギーによって、ブレーンは高温・高密度の灼熱状態となる。これがビッグバンだと考えるのがエキピロティック宇宙モデルだ（**図12－5**）。

衝突後、ブレーンどうしは離れていくが、遠い将来にはまた接近し始め、ふたたび衝突するかもしれない。その場合、ブレーンは以上のプロセスを延々と繰り返すことになる。ブレーンはフェニックス（不死鳥）のごとく、衝突のたびに業火に焼かれ、何度も再生を繰り返すのだ。これはサイクリック宇宙論のブレーン宇宙論版ともいうべきシナリオである。

エキピロティック宇宙モデルは、物質と光の誕生、そして宇宙論が抱えていた地平線問題や平坦性問題などをインフレーション理論とは別の方法で説明する理論だと言える。このモデルによると、ビッグバンの「前」の段階があり、そこで物質の密度が均一になり、空間が平坦になるため、地平線問題や平坦性問題が解決されるという。

このモデルが正しければ、私たちの泡宇宙におけるインフレーションは必要なくなる。ただし、ブレーン宇宙論自体がまだ仮説の段階であり、宇宙論の標準的なシナリオだとはみなされていないため、エキピロティック宇宙モデルはあくまで傍流の仮説の一つという位置づけである。

エキピロティック宇宙モデルでは以上のように二つのブレーン（宇宙）の存在を仮定しているわけだが、ブレーン宇宙論ではもっとたくさんのブレーンの存在を想定することもできる。永久インフレーションに基づく標準的なマルチバース宇宙論とは考え方が異なるが、ブレーン宇宙論で想定する多数のブレーンもマルチバースの一種だと考えることもできる。

なお、ブレーンの間の高次元空間は重力だけは伝わるので、私たちのブレーン宇宙と別のブレーン宇宙は重力の影響を及ぼしあえることになる。標準的なマルチバース宇宙論では、レベル1並行宇宙どうし、またはレベル2並行宇宙どうしは一切の影響を及ぼしあえないほど離れていたが、ブレーン宇宙どうしは重力を介して影響を及ぼしあえるという違いがあるわけだ。その意味では、「影響を及ぼしあえる複数のブレーンと高次元空間をまとめて一つの宇宙だと考えるべきだ」という考え方もありうるだろう。

マルチバース宇宙論は天文観測によって検証できるのか？

さて、標準的なマルチバース宇宙論の話に戻ろう。

第10章では、インフレーション理論の検証可能性、第11章では超ひも理論の検証可能性について解説した。最後にマルチバース宇宙論自体の検証可能性についても考えてみよう。

前述の通り、観測可能な領域の外にも同じような空間がさらに広がっているという考え方は研究者の間でおおむね一致しているので、レベル1マルチバースについては大きな異論はないと言えるだろう（ただし、どこまで空間が広がっているのか、宇宙は有限なのか無限なのかなどについては研究者によって見解が異なるようだ）。以下で検証可能性について議論するのは、レベル2マルチバースについてである。

マルチバース宇宙論はそもそも観測可能な領域の先の〝別の宇宙〟を考える理論なので、直接検証はかなり難しいと言える。そのため、「マルチバース宇宙論は科学とは言えないのではないか」と言われることもしばしばある。

本書で見てきたように、マルチバース宇宙論は根拠のない理論などではない。マルチバース宇宙論は、無数の実験や天文観測による検証に合格してきた一般相対性理論と量子論に基づいており、この二つの理論を土台として構築されたインフレーション理論が基礎となっている。インフレーション理論はまだ実証されたとまでは言えない段階ではあるが、すでに数多くの傍証があり、将来的には、インフレーションが生じさせた原始重力波の検出などによってその正しさが実証される可能性がある。

別の泡宇宙の存在の直接的な検証が難しいというのは事実だ。しかし、さまざまな検証に耐えてきた理論をベースにして導かれる宇宙像を、検証が難しいということでもって、「科学ではない」と切り捨てるのは、それこそ科学の発展を阻むことになるのではないだろうか。

また、マルチバース宇宙論の検証が絶対に不可能かというとそうでもない。

「永久インフレーションによって拡大し続ける広大な宇宙の中で、インフレーションを終えた泡宇宙があちこちで生じる」という標準的なマルチバース宇宙論の描像では、私たちが観測可能な領域は泡宇宙の一部ということになる。この場合、泡宇宙の曲率、すなわち全体としての空間の曲がり具合は負になることが分かっている。負の曲率の空間とは、馬の鞍のような曲がり方の空間であり、宇宙スケールの大きな三角形を描いたときに内角の和が１８０度未満になるような空間のことだ。円を描いたときに、円周の長さが２πr（rは半径）よりも大きくなる空間と言ってもいい。

つまり、宇宙の曲率を天文観測によって測定し、それが誤差も含めて正の値になれば、少なくとも「永久インフレーションの描像に基づく無数の泡宇宙」というマルチバースは否定されることになる。

哲学者カール・ポパー（１９０２〜１９９４）は、科学理論は実験や観測などの検証によって「否定されうるもの」でなくてはならないと考え、科学的な理論の条件として「反証可能性」が必要だと主張した。この考え方によると、宇宙の曲率の測定によって、永久インフレーションに基づいた無数の泡宇宙の生成というマルチバース宇宙論は反証可能なので、マルチバース宇宙論は科学的な理論だと言えることになる。

泡宇宙どうしの衝突の痕跡が見つかる可能性

他にも、泡宇宙どうしの衝突の痕跡を探すことでもマルチバース宇宙論は検証可能だとされている。第5章で見たように、泡宇宙の「外」は、泡宇宙の中から見ると「過去」に当たる。そのため、泡宇宙どうしの衝突の痕跡を探すには私たちの宇宙の過去を観測する必要がある。その方法とは、これまでに何度も登場してきた宇宙背景放射の観測である。

泡宇宙どうしが衝突すると、その衝突の痕跡が宇宙背景放射の不均一性として現れると考えられている。これをとらえることができれば、別の泡宇宙の存在を実証できるかもしれないのだ。

ただし、宇宙の曲率にしろ、泡宇宙どうしの衝突の痕跡にしろ、それらを実際にとらえるのは現在の技術ではかなり難しいと予想されている。私たちの泡宇宙で起きたインフレーションによる空間の膨張が、これらの痕跡を〝薄めて〟しまうからだ。

そもそもインフレーション理論は、既存の宇宙論では解決できなかったいくつかの難問を解決するために生まれた理論である。その難問の一つが「宇宙はなぜほぼ平らなのか？」という平坦性問題だ。インフレーションは、最初に空間がどんなに曲がっていても、それを引き伸ばしてほぼ平らにしてしまう。そのため、マルチバースの描像が正しく、泡宇宙の曲率が負だったとしても、インフレーションによって空間はほとんど平らにならされてしまっているはずなのだ。

負の曲率を検出できるとしたら、Planck 衛星などによる宇宙背景放射のこれまでの観測ではとらえることができないくらいには曲率が小さく、かつ将来のさらに高性能な観測装置でとらえることができるくらいには曲率が大きい必要がある。

　私たちの泡宇宙と別の泡宇宙の衝突によって生じる宇宙背景放射の不均一性も、空間の曲率と同じく、インフレーションによってならされてしまう。そのため、負の曲率や泡宇宙どうしの衝突の痕跡が実際に観測できるかどうかは、インフレーションがどれだけ続いてから終わったのかによって左右されることになる。

検証可能かは科学技術の発展の仕方にも左右される

　そもそも理論の検証可能性を論じること自体、簡単な問題ではない。

　たとえば、時空のさざ波である重力波は、１９１６年にアインシュタインが一般相対性理論に基づいてその存在を予言したが、当時アインシュタイン自身は重力波の検出は不可能だろうと考えていたそうだ。重力波は、空間の伸び縮みが波となって伝わっていく現象だが、典型的な重力波による空間の伸縮は、太陽と地球間の距離（約1億５０００万キロメートル）が原子1個分の長さ（１０００万分の1ミリメートル）だけ伸び縮みする程度だ。そんな微小な変化をとらえられるはずはないと長く考えられてきたのだが、第10章で紹介したように、現代の最先端テクノロジーによって２０１５年についに重力波の検出が実現したのである。

　今の技術で、ある理論の検証が不可能に思えたとしても、今後、想像もつかないようなイノベーションが起きる可能性は常にある。将来、どのようなテクノロジーがどのくらい発展するかがはっきりと見通せない以上、理論を「検証不可能」と断定するのは難しいのだ。

また、今後の理論の発展によって、検証可能な新たな予言がなされる可能性もある。たとえば、超ひも理論によって存在が予言されている、縦・横・高さの3次元を超えた次元、すなわち余剰次元は、あまりにも小さいために当初は検証不可能だとされていた。しかし、第11章で見たように、近年、余剰次元はある程度大きい可能性があることがブレーン宇宙論の登場によって明らかになり、余剰次元の検証可能性は見直されることになった。マルチバース宇宙論も今後、予想外の発展を見せ、新たな検証可能な予言がなされる可能性もあるだろう。

エピローグ——人類の宇宙観の変遷とマルチバース

人類の宇宙観は長い歴史の中で大きく様変わりしてきた。

人類にとって長い間、太陽系こそが宇宙のほぼすべてだった。太陽系でもっとも外側に位置する惑星である海王星は、太陽から約45億キロメートル離れている。現代の天文学や宇宙論でよく使われる距離の単位、「光年」で言うと、太陽系の直径は1000分の1光年ほどでしかないことになる（ここでは太陽系の大きさを海王星の軌道程度だと考えている）。

その後、1785年頃になると、ウィリアム・ハーシェル（1738〜1822）が天文観測に基づいて夜空の星々が円盤状に分布していることを明らかにした（**図12-6**）。これは今日で言うところの天の川銀河、つまり私たちが属している銀河を表している。天の川銀河の直径は約10万光年あるので、太陽系が宇宙のすべてだと考えられていた頃より、宇宙はざっと1億倍拡大したことになる。

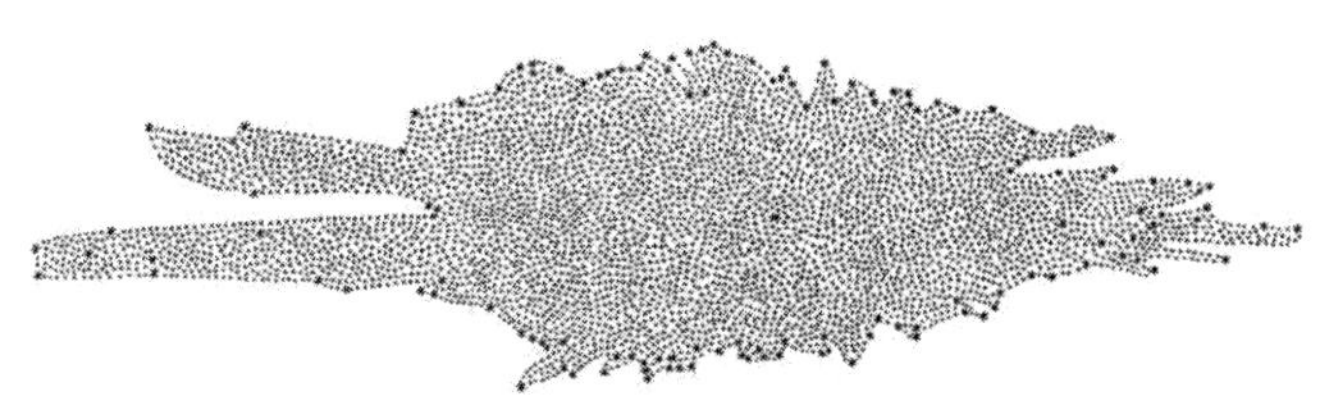

図 12－6　ハーシェルが考えた宇宙（天の川銀河）

この頃、星雲と呼ばれていた天体の一部は星の集団であると考えられ、哲学者イマヌエル・カント（１７２４～１８０４）はそれらを「島宇宙」と呼んだ。しかし、島宇宙が天の川銀河内の天体なのか、天の川銀河の外の天体なのかは、長い間分からないままだった。

この論争に決着をつけたのは、宇宙の膨張を発見したことでも知られるハッブルである。ハッブルは１９２４年、島宇宙の一つであるアンドロメダ星雲までの距離を見積もり、アンドロメダ星雲が私たちの銀河の外にある別の島宇宙であることを明らかにしたのだ。現在ではアンドロメダ星雲は「アンドロメダ銀河」と呼ばれている。これによって、天の川銀河は島宇宙の一つにすぎず、宇宙は無数の島宇宙（銀河）が点在する広大な空間であることが明らかになった。

もっとも遠方の銀河（観測可能な銀河）は１３０億光年ほど先にあるので、天の川銀河が宇宙のすべてだったハーシェルの時代と比べると、宇宙は約30万倍拡大したことになる。太陽系が宇宙のすべてだった頃と比べると約30兆倍だ。

そして、観測可能な領域（レベル1並行宇宙）は泡宇宙（レベル2並行宇宙）の中のほんのわずかな領域にすぎないことがマルチバース宇宙論では予言されている。さらに、私たちが住む泡宇宙さえも、広大なレベル２マルチバースを構成する無数の泡宇宙の一つにすぎないことになる。

こうして人類の宇宙観の変遷を見ていくと、その時々で信じられていた「宇宙全体」が、実はより広大な宇宙の一部でしかないことが明らかになるという繰り返しだったことが分かる。そしてその時々の「宇宙全体」と同等の〝並行宇宙〟が無数に存在することも同時に明らかにされてきた。太陽系は唯一の存在ではなく、天の川銀河には数千億の多種多様な惑星系が存在することが今では分かっている。そして天の川銀河も唯一の銀河ではなく、観測可能な領域には数千億の多種多様な銀河が存在していることが明らかになっている。マルチバースと似た考え方は、人類の宇宙観の変遷の中で繰り返し出現し、検証されてきたのだ。

そして現在、私たちは、観測不能なほどはるか遠くに、物理定数が異なる多種多様な並行宇宙が無数に存在している可能性に直面している。歴史は繰り返されているのだろうか。

マルチバースという宇宙像は本当に正しいのか、それとも私たちが究極の理論に到達していないがために生じてしまった幻想なのか、それはまだ分からない。しかし、人類がたゆみない知の探究を続けていけば、いずれその答えに到達できる日がやってくるのではないだろうか。

第12章の要点

・マルチバースは、複数のレベルからなる「入れ子構造」になっている。

・「宇宙は無数に存在する」というマルチバースの考え方は、永久インフレーションに基づく標準的なマルチバース宇宙論以外にも、さまざまな理論モデルがある。

・宇宙が正の曲率をもっていることが天文観測によって確かめられたら、永久インフレーションに基づく標準的なマルチバース宇宙論は棄却される。
・泡宇宙どうしの衝突の痕跡が宇宙背景放射の観測によって見つかる可能性がある。

あとがき

大学院の修士課程の学生だったころ、日本に講演に来ていたスティーヴン・ホーキングの講演を聴きに行ったことがある。そう、宇宙論について書かれた世界的大ベストセラー、『ホーキング、宇宙を語る』の著者であり、車いすの天才物理学者としても知られる、あのホーキングだ。

当時、私が所属していたのは実験物理学の研究室だったのだが、後輩が修士課程から宇宙論の研究室に進学しており、その後輩に誘われたのだ。私が宇宙論に興味をもっていたことを知っていたので誘ってくれたのだろう。高校生の頃からホーキングのファンだった私は喜び勇んで講演会場に向かった。会場はすでに満席で、私は最後列で立ったまま、遠くのホーキングを眺めながら、人工の合成音声によるその講演を聴き入った。

そして講演後、ホーキングを招待した宇宙論の研究室の人たちは、ホーキングを囲んで記念撮影を行うことに。ずうずうしくも私は後輩に誘われてその隅の方に紛れ込ませていただいた（しかし私はその研究室に所属していたわけではなかったので、そのときの貴重な写真は入手できずじまいで現在に至っている……）。

そんな学生時代からの生粋の宇宙論ファンである私が今回、宇宙論をテーマとした本書を上梓できたのは、とても感慨深いものがある。本書をきっかけに宇宙論や物理学に興味をもっていただけたなら、これほど嬉しいことはない。

宇宙論は、数ある学問分野の中でも飛びぬけて壮大なテーマを扱う領域である。この世のあらゆるものを内包する宇宙全体を扱うのが宇宙論なのだから。その中でも、本書のテーマであるマルチバース宇宙論は、無数の宇宙を対象としている。本書は古今東西のあらゆる書籍の中で、もっとも壮大なテーマを扱ったものだと言っても過言ではないだろう。

基礎科学に関する記事を書いていると、「その研究は何の役に立つの?」と聞かれることがよくある。おそらくこの場合の「役に立つ」とは、将来何らかの産業応用につながるのかといったことを意味しているのだろう。その観点からすると、マルチバース宇宙論はきっとほとんど役には立たないだろう(マルチバース宇宙論の検証のための科学技術が、何らかのスピンオフ・テクノロジーを生む可能性はあるが)。

しかし個人的には「役に立つ」ということを産業応用などに限定して考えることには違和感を覚える。誰しも人生の中で一度は、「この世界はどうやって始まったのだろうか」「宇宙はどこまで続いているのだろうか」といった疑問をもったことがあるだろう。マルチバース宇宙論は、そういった人類がはるか昔から抱いてきた疑問に答えを出すかもしれない学問である。こういった究極の謎に迫る可能性を秘めているという一点だけをもっても、「人類にとって役に立つ」と言ってもいいのではないだろうか。

本書は「WEBみすず」(https://magazine.msz.co.jp/) 2023年10月号から2024年9月号まで12号連続で連載した『並行宇宙は実在するか』を一部、加筆・編集の上、書籍化したものである。

私はこの連載中、監修をしていただいたカリフォルニア大学バークレー校教授の野村泰紀先生とのオンラインミーティングを毎月楽しみにしていた。毎回、ミーティングの前までに次の回の原稿を読んでいただき、そのフィードバックをしてもらったり、さらに先の回で盛り込む予定の内容について質問させてもらったりした。第一線で活躍している理論物理学者をしばしの間、独占し、私の質問に答えてもらうというのは、何とも贅沢で至福の時間だった。大変お忙しい中、連載および本書を監修いただき、さらには本書の内容を補う読み応えのある解説まで書いていただいた野村先生には、深く感謝の意を表させていただきたい。

みすず書房の市田朝子さんには貴重な執筆の機会をいただき、厚く御礼申し上げたい。原稿作成にあたっては、さまざまな意見交換をし、とても有意義な時間を過ごすことができたように思う。

また、本書の内容は、佐藤勝彦先生をはじめ、過去に数多くの物理学者・宇宙論研究者の方々に取材させていただいた内容をベースとしている。これまで取材にご協力いただいた研究者の皆様に感謝を申し上げたい。

松下安武

２０２５年２月

監修者解説　並行宇宙論の衝撃

本書は、著者である松下安武さんが、宇宙論の基本的なところから最先端の話にいたるまでを網羅的に説明した、大変読み応えのある本です。初めての方にとって分かりにくいところも、適切な比喩などを使って丁寧に説明されており、ここで私が加えることはあまりないように思います。しかしせっかく解説を依頼していただいたので、本のタイトルにもある「並行宇宙」について、それが物理学に与えた衝撃なども含め、重複もあるかと思いますが少し書いてみようと思います。

＊

私たちの住む世界の他にも「並行して」他の世界があるというアイデアは、映画や小説にもたびたび現れ、私たちを魅了してきました。私たちは誰でも「あのときああしておけば良かったなあ」と過去の決断を後悔したり、「あのときあれさえ起こらなければ……」と過去の出来事に違った結果を望んだりすることがあると思います。ですから、もし異なる歴史をたどった「並行世界」が実際に存在し、しかもその世界と行ったり来たりできるというのであれば、それは確かに魅力的です。

ですが当然ながら、映画や小説の世界に出てくるそのような並行世界はフィクションであり、実際には私たちが自由に行ったり来たりできるような並行世界は存在しません（もちろんスパイダーマンがいるような世界に行くこともできません）。しかし、ある意味での並行世界の存在は、実は理論物理学によって20世紀初めには示唆されており、そのような意味での並行世界の存在は、実際に実験で確認されているのです。

それは量子力学による並行世界です。

量子力学とは、20世紀の初頭に原子や電子などミクロな世界を探求する上で見つかった理論で、現在でも自然界を記述する際に使われる基本的な理論となっています。この理論は、私たちの直感に反する数々の現象を予言しますが、なかでも象徴的なのは、本書の第9章にも出てきた「一つの粒子が同時にさまざまな異なる場所に存在できる」というものです。

重要なのは、これは一つの粒子がいくつかに分裂してさまざまな場所に存在するという意味ではないということです。粒子はあくまでも一つであり、分割できません。実際に起こっているのは、粒子が異なる場所に存在する世界がいくつもあり、それらの世界が並行して存在するということなのです。

このような結論がどのようにして導かれたかについては、ここで詳しく議論することはできませんが、興味のある方は第9章の「二重スリット実験」のくだりを読み直したり、「二重スリット実験」で検索して調べたりしてもらえればよいかと思います。要点だけ言うと、二重スリット実験などの結果を説明するには、電子のような粒子が存在する位置がそれぞれ異なる並行世界が「同時に」存在し、それらが互いに「干渉」すると考えなければならないことが分かったのです。また、そのようにして定式化された理論（量子力学）を使うと、実験結果を量的な詳細まで含めて完全に再現できるということも分かりました。

＊

この事実は一体何を意味するのでしょうか？　私たちは普段、並行世界の存在を感知できません。主にこのことから、20世紀初頭には、量子力学の並行世界は確率的に存在するものの、観測した途端に消え去ってしまうという考え方が支配的でした（第9章の「コペンハーゲン解釈」）。より具体的には、「観測という行為によって、数ある並行世界のうちの一つが実際に選ばれる」というのです。

しかし、この考え方には大きな問題点があります。まず、観測とは何かが定義されていないことです。人間が実験をすることは観測に当たります。では、人間が見ただけならどうでしょうか？　コペンハーゲン解釈によれば、これも観測です。では、見るのが犬だったらどうなのでしょうか？　ハエだったら？　細菌やウイルスが観測対象に衝突したときは？　原子などのミクロなものが観測対象に当たったときには通常、観測とはみなしません。では、観測とみなすかみなさないかの線引きはどこでするのでしょうか？

このコペンハーゲン解釈と対照的な考えとしては、20世紀半ばに出てきた「多世界解釈」があります。コペンハーゲン解釈では、観測――それが正確に何を意味しているのだとしても――をした瞬間に、実験で確認された世界以外の並行世界はすべて瞬間的に消え去ってしまうと考えます。それに対して、多世界解釈では、実験や観測をしたとしても、それ以前に存在した並行世界はその後も存在し続けると考えます。実験後は、ただ単に異なる世界を感知しづらくなるだけだというのです。

これはご都合主義的に感じられるかもしれませんが、そうではありません。量子力学では、粒子（たとえば電子）が異なる場所に存在する世界どうしの干渉は、ある確率で起こります。たとえば、それが10％だったとしましょう。この場合、二つの粒子からできたもの（たとえば陽子と電子からなる水素原子）が異なる場所にある世界どうしが干渉する確率は、陽子と電子がともに干渉しなければならないので、10％の10％で1％となります。同様に、3つの粒子からできたものの配置が異なる世界どうしが干渉する確率は、10％の10％の10％で0・1％となります。

では、人間はいくつの粒子からできているでしょうか？　おおまかに見積もると、10^{27}、つまり1の後に0が27個つくくらいの数になります。ですから、私たちが異なる実験結果を観測したような並行世界――すなわち実験装置のメモリや人間の脳のニューロンの状態などが異なった世界――は、もしそれが存在していたとしても、干渉する確率が0・0000……1％となるので事実上無視できます。つまり、量子力学に基づいて考えると、たくさんの粒子からできたものは事実上、干渉を起こさないのです。

重要なのは、「観測した瞬間に並行世界は消えて無くなる」などという人為的なルールを入れなくても、それは自動的に起こるということです。観測とは、実験装置を通して私たちが観測対象と相互作用することに他なりません。そして、このような相互作用が起こった後には、異なる結果を得た世界どうしの干渉は無視できます。つまり、量子力学には、私たちのようなマクロなものは並行世界を感知できないというメカニズムがあらかじめ組み込まれていたのです。

実際、現在の実験技術の発展は目覚ましく、研究者はより多くの粒子からなるもの――たとえば炭素原子60個からなる「フラーレン」と呼ばれる分子など――でも干渉を起こすことに成功しています。もちろん、人間のような極めてたくさんの粒子からなるものを干渉させることはできませんが、電子や光子のような単純な粒子以外でも実際に干渉が起こるという事実は、異なる並行世界の干渉という現象が、より大きな世界でも起こり得るということを示唆しています。

ちなみに私は、多世界「解釈」という用語は極めて紛らわしいと思っています。この用語は「コペンハーゲン解釈と多世界解釈では、その解釈が違うだけで、物理としては同じである」という誤解を生みます。これは正しくありません。

多世界解釈によると、観測後も、異なる観測結果を得た世界は存在し続けます。そして、これらの並行世界は事実上干渉しないだけであって、原理的には干渉させることが可能です。一方で、コペンハーゲン解釈では、観測後には別の世界は完全になくなってしまいます。しかも先に述べたように、これがいつ起こるかはしっかりと定義されていません。ですから、厳密な意味では、コペンハーゲン解釈はその定義すらできていないのです。

*

このように量子力学は、多世界解釈を通じて並行世界の存在を強く示唆しています。これらの並行世界では、粒子の配置、ひいてはその集まりでできている人間の行動、天体の運動までもが異なっていると考えられます。つまり、歴史の異なる無数の世界が並行して存在していると考えられるのです。

では、この量子力学的な並行世界と、本文中でも紹介されたマルチバース——さまざまな異なる物理法則で記述される「宇宙たち」——の関係はどうなっているのでしょうか？

マルチバースの描像にいたる道筋は、本文中でも詳細に紹介されているので細かくは繰り返しませんが、簡単に言えば、私たちの住む宇宙が「良くできすぎている」ことを説明するために、さまざまな異なる宇宙が存在すると考える必要があるということです。特に、１９９８年に発見された宇宙の加速膨張は、真空のエネルギー密度が現在の物質のエネルギー密度と同程度であることを示唆します。

これは大変不思議なことです。なぜなら、物質のエネルギー密度は宇宙が膨張するにつれて体積に反比例して小さくなっていくのに対し、真空のエネルギー密度の大きさは変わらないからです。これはつまり、宇宙が生まれてすぐの時代には、真空のエネルギー密度は物質のエネルギー密度に比べてはるかに小さかった、しかもただ小さかっただけではなく１３８億年後に人間が生まれて宇宙を観測した時にちょうど同じくらいの大きさになるように〝調整〟されていた、ということを意味します。

しかし、本文中でも説明された通り、真空のエネルギー密度が異なるさまざまな宇宙があるとすれば、これは謎ではなくなります。なぜなら、真空のエネルギー密度（の絶対値）が私たちの観測した値よりも十分大きい場合、そのような宇宙には知的生命体はおろか、銀河や星などの構造も何も生まれないことが計算によって示せるからです。もし膨大な種類の宇宙があれば、その多くでは真空のエネルギー密度が大きすぎて何も起こらなかったとしても、真空のエネルギー密度がたまたま小さかった宇宙には、私たちのような観測者が生まれ得ます。そして、観測者はこのような宇宙にしか生まれないのですから、その観測者が宇宙を観測した場合には、絶妙に小さく調整されたかのように見える真空のエネルギー密度を観測することになります。

この考え方は、特に新しいものではありません。地球が私たちにとって非常に都合良く作られているように見える理由と同じです。普通に考えれば、惑星がこんなに生命にとって都合の良い環境になる確率は非常に小さいと考えられます。それなのに地球がそうであるのは、宇宙に山ほど惑星があるからです。実際、多くの惑星の環境は生命にとって絶望的です。しかし、たくさんの惑星があれば、そのうちのいくつかは生命にとって都合の良い環境になるでしょうし、生命（少なくとも高等生命）はそのようなところにしか生まれないのですから、その生命が周りを見渡したら、環境が絶妙に調整されているように見えることになります。

マルチバース理論が近年、科学界で真剣に取り上げられるようになった理由としては、このようにたくさんの宇宙があると考えなければ説明がつかないような現象がいくつも見つかってきたということがあります。それに加え、自然界の基本原理である量子力学を重力の理論と統一するほぼ唯一の候補――超弦理論（超ひも理論）――に、さまざまな種類の宇宙を作るメカニズムが自動的に組み込まれていることが分かってきた、ということも、その理由の一つです。

超弦理論によって存在が予言されている、これらのさまざまな宇宙では、真空のエネルギー密度のみならず、素粒子の数や性質、またそれらの間に働く力の種類までもが宇宙ごとに異なることを理論的に示せます。また、このようにして現れる宇宙の種類は膨大な数に上り、それらは「泡宇宙」のかたちで時空上に次々と生じていきます（第5章）。このようにして、数々の異なる宇宙が存在することが、観測的にも理論的にも示唆されてきているのです。

マルチバースに現れる数々の宇宙は、時空上に生じることから、私たちの宇宙の「遠く」に存在しており、一見、前に述べた量子力学的な並行世界とはまったく関係がないように思われます。それは本当でしょうか？

実は、第9章でも説明されていた通り、この二つは実質的に同じものと言えるかもしれないのです。これを理解するには、泡宇宙の生成が、量子力学的なプロセスであるという事実が重要になってきます。量子力学では、あらゆるプロセスは確率的に起こります。そして、多世界解釈によれば、そのような起こり得た世界は、すべて実際に存在し続けるのです。

これは、泡宇宙の生成も確率的なプロセスであることを意味します。つまり、異なる泡宇宙が異なる場所に生まれた（または生まれなかった）並行世界が、次々に多世界として枝分かれしていくということになるのです。これは、量子力学的な多世界の観点から見れば、異なる並行世界は異なる歴史をもつだけでなく、異なる宇宙（異なる素粒子や力が存在し、異なる真空エネルギー密度を持つ宇宙）であってもよいということになります。

また、マルチバース理論の側から見ても、異なる宇宙をこのように捉えなければならない理由が存在します。それは、インフレーションによって加速的に膨張している空間では、ある地点よりも遠くから放たれた光（やその他あらゆるもの）は、その圧倒的加速膨張によって観測者に永久に到達できないという事実です。つまり、その地点から先の世界は原理的に観測できないのです。このような原理的な観測の限界点は「事象の地平面」と呼ばれます。

問題は、通常のマルチバース理論は、「インフレーションによって加速的に膨張している空間の中に泡宇宙が無限につくられ続ける」という描像に依拠している点にあります。しかし、もしこれらの無数の宇宙が原理的に観測できないのであれば、その存在はどういった意味を持ち得るのでしょうか？

その答えは量子力学にあります。既に述べたように、泡宇宙の生成プロセスは量子力学的に起こります。ですから、もし原理的に観測できない事象の地平面の外側の世界が存在しなかったとしても、無数の宇宙は量子力学的な並行世界として生成され続け、存在し続けるのです。

この量子的マルチバースの描像はまだ確立したものとは言えませんが、量子力学的「並行世界」とマルチバースによる「並行宇宙」が本質的には同じものであるという考えは、「オッカムのかみそり」の観点からしても魅力的だと思います。

＊

いずれにしても、映画や小説などに出てくる並行世界という概念は、私たちが自由に行ったり来たりできるという点を除けば、科学的にはそうあり得ないことでもないのです。では、もし並行世界が存在するとして、そのことが具体的に物理学にどのような影響を与え得るのでしょうか？

ここでは二つの例を紹介したいと思います。一つ目は、量子力学的な並行世界の存在をめぐる話は、すでにテクノロジーの領域に足を踏み入れているということです。具体的には、量子力学的な並行世界を使って、計算能力を従来のコンピューターと比べて飛躍的に高めようという試みがあります。これは「量子コンピューター」と呼ばれ、実用化にはまだ時間がかかりますが、試験的なものはすでにいくつも完成しています。

量子コンピューターの性能は、試験的なものであっても驚異的です。たとえばグーグルが発表した量子コンピューターは、従来のコンピューターでは宇宙年齢よりはるかに長い時間がかかるある種の計算を5分で完了してしまいます。このような量子コンピューターが一般に普及すれば、私たちの生活には大きな影響があるでしょう。実際、量子コンピューターの圧倒的な計算力は、現在私たちが使っている暗号システム（RSA暗号など）をほぼすべて破ってしまうと考えられています。

ただし、量子力学的な並行世界は、その暗号技術にも革命をもたらすと考えられています。たとえば、量子力学的な並行世界の重ね合わせを使えば、原理的に解読不能な暗号化を通じて情報を送ることが可能になります。この「量子テレポーテーション」という通信プロトコルは、簡単なものはすでに実現されており、それに対して2022年のノーベル物理学賞が与えられています。

二点目に挙げたいのは、マルチバース理論による、さまざまな宇宙が存在するかもしれないという考え方そのものの影響です。これは、徐々にではあっても、物理学の世界に極めて大きな影響を与えてきました。マルチバースをどのように検証したらよいかや、理論的な不備がないかを調べるといった直接的なものだけでなく、「物理学においてもっとも根本的な問いは何なのか」ということについて大きな影響を与えたのです。

これと似たようなことは、実は歴史的に何度も起こっています。たとえば、16世紀から17世紀にかけて人類は地動説に基づいた太陽系の描像を手に入れましたが、これは当時の人々にとって宇宙全体のモデルでした。他の星々は太陽系を取り巻く背景のようなものだと考えられていたのです。その彼らにとっては、なぜ惑星の数が「6」であるのか（当時知られていたのは、水星、金星、地球、火星、木星、土星）、それらの太陽からの距離は何を意味しているのか、ということを探究するのは当然のことでした。

ヨハネス・ケプラーはその時代の著名な科学者の一人ですが、やはりこの疑問に向き合いました。彼はこの問題を、凸型正多面体（正4、6、8、12、20面体の5種類しかありません）の幾何学と関係づけて理解しようとしました。しかし、これらの試みはうまく行きませんでした。それは後世の私たちにとっては当然のことです。これらの数字には根源的な意味はないことをすでに私たちは知っているからです。

宇宙には私たちの銀河系（天の川銀河）だけでも無数の惑星系があり、そのそれぞれで、太陽系とは異なる数の惑星が、太陽系の惑星たちとは異なる距離をとって中心の恒星を周回しています。私たちの太陽系で、惑星や衛星の数、太陽と惑星間の距離などが現在観測されている値になったのは、太陽系の形成過程で偶然そうなったというだけの話です。つまり、何か意味ありげな数字の集まりがあっても、それは必ずしも深い物理学の真理を表しているわけではないのです。

マルチバースの考えが広がる前には、私たちの宇宙に存在する素粒子――クォーク、電子、ニュートリノなど――の性質は、宇宙の何らかの深い真理を表すものであると考えられてきました。これらの粒子やその間に働く力が、私たちの宇宙を形作るのに決定的な役割を果たすことを考えれば、そう考えるのも自然なことです。

しかし、もし異なる種類の宇宙がたくさんあるということになれば、話は変わってきます。その場合、私たちの宇宙を構成する素粒子や力の性質が私たちの宇宙のようになったのは「たまたま」であり、それは他の宇宙でもまた同様だと考える方が自然です。つまり、これまで根源的だと考えられていた問い――なぜ素粒子は現在観測されているような性質をもつのか――が、実はそれほど根源的ではなかったということになるのです。

この考え方は、素粒子物理学者に大きな衝撃を与えました。当然です。これまで人生を賭けて探ってきた素粒子や力の性質を決めるメカニズムが「たまたま」かもしれないというのですから。

もちろん、だからといって素粒子やその間に働く力を探ることに意味がなくなったということでは、ありません。私たちが、この宇宙に住んでいることは事実であり、この宇宙の素粒子や力の性質を調べることは依然として重要です。しかし、もしマルチバースの描像が正しければ、そのような探究の意義は「世界の根源的な原理を探る」ということよりも、地球物理学のように「ある特定の対象の性質を詳しく調べる」という意味合いが濃くなってきます。

従来、素粒子物理学者たちは、（私自身も含め）自分たちは自然界の根本的な原理を探っていると考えている人が多数を占めていました。ですから、このような視点の変化は受け入れがたかったはずです。私は個人的に、これが素粒子物理学の業界でマルチバース理論が受け入れられるのに時間がかかった一因ではないかと考えています。

研究をする上では、何が大事な問いなのかを見つけることが極めて重要です。もちろん答えは人によって違うのですが、私にとっては自然界の根源的な法則や原理を見つけることが興味の対象でした。ですから、マルチバース理論による世界観の変遷は、私の研究テーマをそれまでの素粒子物理学から、時間や空間、重力などを探る「量子重力」の分野によりシフトさせることになりました。

このように、マルチバース理論は、物理学の将来の方向性を定める上で、（少なくとも一人の物理学者に）決定的な影響を与えたのです。

＊

ここまで、並行世界と並行宇宙について、思うところを書いてきました。この並行世界という概念は魅力的で、これをテーマに選んだ著者の松下安武さん、編集者の市田朝子さんの彗眼には頭が下がる思いです。

本書は、２０２３年から２０２４年にかけてＷＥＢみすずに掲載された松下さんの連載を、加筆して書籍化したものです。連載中には「打ち合わせ」と称して、お二方と毎月 zoom で物理を語り合う楽しい時間を過ごさせていただきました。

無事、本が完成するとのことで私としても大変嬉しいです。遅れに遅れたこの解説の原稿を待っていただいたことも含め、これまで大変お世話になりました。この場を借りて御礼申し上げたいと思います。

２０２５年２月

野村泰紀

松下安武
並行宇宙は実在するか
この世界について知りうる限界を探る
野村泰紀 監修

2025年 4 月16日　第 1 刷発行

発行所 株式会社 みすず書房
〒113-0033 東京都文京区本郷2丁目20-7
電話 03-3814-0131(営業) 03-3815-9181(編集)
www.msz.co.jp

本文・口絵組版 キャップス
本文・口絵印刷・製本所 中央精版印刷
扉・表紙・カバー印刷所 リヒトプランニング
装丁 岡本健 (okamoto tsuyoshi+)

Printed in Japan
ISBN 978-4-622-09769-3
[へいこううちゅうはじつざいするか]

著 者 略 歴

（まつした・やすたけ）

科学編集記者．国立大学工学部卒，工学修士．出版社で編集記者として勤務後，フリーとしての活動を開始．NewsPicks「ディープな科学」，月刊星ナビ，IT 批評などで記事を執筆．物理・天文学分野の解説を得意とする．天文宇宙検定 1 級，星空宇宙天文検定（星検）1 級．

監修者略歴

野村泰紀〈のむら・やすのり〉1974 年生まれ．東京大学理学部物理学科卒業，東京大学大学院理学系研究科物理学専攻博士課程修了．理学博士．現在，カリフォルニア大学バークレー校教授，バークレー理論物理学センター長，ローレンス・バークレー国立研究所上席研究員，理化学研究所客員研究員，東京大学カブリ数物連携宇宙研究機構連携研究員．専門は素粒子論，宇宙論．一般向け著作に『マルチバース宇宙論入門』（星海社，2017），『なぜ宇宙は存在するのか』（講談社，2022），『多元宇宙（マルチバース）論集中講義』（扶桑社，2024），『なぜ重力は存在するのか』（マガジンハウス，2024）などがある．

索　引

カ

サ

タ

ナ

ハ

マ

図版出典

以下に記載のない図はみすず書房が作成した。

口絵 1　Pablo Carlos Budassi 28.341.298
口絵 2　宮川愛理
口絵 3　NASA / COBE Science Team
口絵 4　NASA / WMAP Science Team
口絵 5　ESA and the Planck Collaboration
口絵 6　BICEP2 Collaboration
口絵 7　D. Schlegel/Berkeley Lab using data from DESI
図 1-1　Zwergelstern を改変
図 1-2（左）IAU and Sky & Telescope magazine（Roger Sinnott & Rick Fienberg）を改変（右）Adam Evans
図 1-3　銀河：NASA
図 1-4　NASA/JPL-Caltech/R. Hurt（SSC/Caltech）を改変
図 2-1　天体：NASA
図 2-2　ESA/Hubble & NASA
図 2-6　宮川愛理
図 2-7　宮川愛理
図 2-8　adobe stock / Hanna_zasimova
図 3-1　Jomegat
図 3-3　銀河：NASA
図 3-5　Johan Hagemeyer
図 3-6　パブリックドメイン
図 4-1　宮川愛理
図 4-2　Mysid
図 4-4　宮川愛理
図 4-5　simulations were performed at the National Center for Supercomputer Applications by Andrey Kravtsov（The University of Chicago）and Anatoly Klypin（New Mexico State University）. Visualizations by Andrey Kravtsov.
図 5-2　銀河：NASA
図 5-3　宮川愛理
図 5-4　宮川愛理
図 5-5　宮川愛理
図 5-6　宮川愛理
図 5-7　宮川愛理
図 7-2　NASA, NOAO, ESA, the Hubble Helix Nebula Team, M. Meixner（STScI）, and T.A. Rector（NRAO）.
図 7-3　NASA/CXC/M.Weiss
図 7-4　NASA/Dana Berry, Sky Works Digital
図 7-5　Emok を改変
図 7-6　宮川愛理、銀河：NASA
図 8-2　宮川愛理
図 8-4　宮川愛理
図 8-7　宮川愛理
図 9-3　宮川愛理
図 9-5　宮川愛理
図 9-7　宮川愛理
図 10-2　宮川愛理
図 10-3　銀河：NASA
図 10-5　LIGO/T. Pyle
図 11-2　CERN
図 11-3　宮川愛理、夜空：NASA, ESA, and S. Beckwith（STScI）and the HUDF Team
図 11-4　宮川愛理
図 11-5　宮川愛理
図 12-3　宮川愛理
図 12-4　宮川愛理、太陽：NASA/Goddard/SDO
図 12-5　宮川愛理
図 12-6　Herschel, William（1785）, "On the Construction of the Heavens", *Philosophical Transactions of the Royal Society of London*, 75: 216–266.

さらに学びたい読者のためのブックガイド

本書で言及した書籍には「＊」を付している。

マルチバース宇宙論についての書籍

- 野村泰紀『マルチバース宇宙論入門――私たちはなぜ〈この宇宙〉にいるのか』星海社、2017年
- 野村泰紀『なぜ宇宙は存在するのか――はじめての現代宇宙論』講談社、2022年

  この2冊は本書の監修者である野村の著作。一般読者向けに宇宙論やマルチバース宇宙論について易しく解説している。

- マックス・テグマーク『数学的な宇宙――究極の実在の姿を求めて』谷本真幸訳、講談社、2016年（＊1章、12章）

  本書の第12章で紹介したマルチバースの四つのレベル（階層）について解説した一冊。

- アレックス・ビレンケン『多世界宇宙の探検――ほかの宇宙を探し求めて』林田陽子訳、日経BP社、2007年（＊3章）

  「『無』からの宇宙創成論」で有名なビレンケン（本書では「アレキサンダー・ビレンキン」と表記した）が同理論やマルチバース宇宙論について解説した一冊。

- ブライアン・グリーン『隠れていた宇宙』上下、竹内薫監修、大田直子訳、早川書房、2013年

  超ひも理論の著名な研究者であるグリーンがさまざまな多宇宙理論を解説している。

宇宙論一般についての書籍

- 『ニュートン別冊・宇宙のはじまり――138億年前のそのとき、何が起きたのか？』ニュートンプレス、2021年

  中高生でも理解できるように豊富なイラストと平易な文章で解説されている。ニュートン別冊では他にも宇宙論や天文学と関係するものが

いくつか刊行されている。

- 日経サイエンス編集部編『別冊日経サイエンス・量子宇宙――ホーキングから最新理論まで』日本経済新聞出版、2018 年

ニュートン別冊より内容は難しいが、さらに踏み込んだ解説が読める。別冊日経サイエンスでは他にも宇宙論や天文学と関係するものがいくつか刊行されている。

- スティーヴン・W・ホーキング『ホーキング、宇宙を語る――ビッグバンからブラックホールまで』林一訳、早川書房、1989 年（＊ 2 章、12 章）

「車いすの物理学者」としても知られるホーキングによる世界的大ベストセラー。この本をきっかけに世界的な宇宙論ブームが巻き起こり、日本でも宇宙論関連の本が多数出版された。

- 講談社 Quark 編集部編『Quark スペシャル・ホーキングの宇宙――宇宙の始まりから終わりまでの全理論が一冊になった』講談社、1991 年（＊ 12 章）

1997 年まで刊行されていた科学雑誌『Quark（クォーク）』のムック。

- 岡村定矩ほか編『人類の住む宇宙［第 2 版］』（シリーズ 現代の天文学）、日本評論社、2017 年
- 佐藤勝彦ほか編『宇宙論 I ――宇宙のはじまり［第 2 版補訂版］』（シリーズ 現代の天文学）、日本評論社、2021 年
- 二間瀬敏史ほか編『宇宙論 II ――宇宙の進化［第 2 版］』（シリーズ 現代の天文学）、日本評論社、2019 年

日本評論社の「シリーズ 現代の天文学」は大学生向けの教科書シリーズであり、それなりに数式が登場するので難易度は高めだが、高校生も読者対象として想定しており、文章での説明はかなり丁寧である。

- 杉山直『宇宙 その始まりから終わりへ』朝日新聞出版、2003 年
- 杉山直『膨張宇宙とビッグバンの物理』（岩波講座 物理の世界）、岩波書店、2001 年

まず入門書的な『宇宙 その始まりから終わりへ』を読み、その後、同じ著者による『膨張宇宙とビッグバンの物理』を読むと宇宙背景放射を中心とした現代宇宙論の概略が理解できるだろう。後者は高校物理程度の知識が前提となっているが、宇宙背景放射の観測が宇宙論においていかに重要かがよく理解できる。

インフレーション理論についての書籍

- 佐藤勝彦『壺の中の宇宙――現代物理の最先端が解く宇宙創成の謎』二

見書房、1991年（＊4章、12章）

インフレーション理論の提唱者の一人である佐藤が自身の研究史を振り返りながらインフレーション理論の誕生について語っている。

- アラン・H・グース『なぜビッグバンは起こったか――インフレーション理論が解明した宇宙の起源』はやしはじめ・はやしまさる訳、早川書房、1999年

インフレーション理論の提唱者の一人であるグースによる同理論の一般向けの解説書。佐藤の著書と合わせて読みたい。

物理定数の微調整問題・人間原理についての書籍

- 松田卓也『人間原理の宇宙論――人間は宇宙の中心か』培風館、1990年

人間原理についてかなり網羅的に書かれてある。

- 松原隆彦『なぜか宇宙はちょうどいい――この世界を創った奇跡のパラメータ22』誠文堂新光社、2020年（＊7章）

さまざまな物理定数／パラメータごとに「もしその値が異なっていたら……」という“もしもの世界”について解説している。物理定数の微調整問題について知ることができる格好の一冊。

超ひも理論についての書籍

- ブライアン・グリーン『エレガントな宇宙――超ひも理論がすべてを解明する』林一・林大訳、草思社、2001年

超ひも理論の著名な研究者であるグリーンによる超ひも理論の入門書。世界で100万部を超えるベストセラーとなった。

- レオナルド・サスキンド『宇宙のランドスケープ――宇宙の謎にひも理論が答えを出す』林田陽子訳、日経BP、2006年

著名な理論物理学者であるサスキンドによる「超ひも理論のランドスケープ」についての一冊。

- 白水徹也『宇宙の謎に挑む ブレーンワールド』化学同人、2009年

超ひも理論から派生して生まれた「ブレーンワールド（ブレーン宇宙論）」について解説した一冊。

その他

- 二間瀬敏史『図解雑学　重力と一般相対性理論』ナツメ社、1999年

相対性理論の入門書はさまざまな出版社から数多く刊行されているが、

この書籍のように一般相対性理論をメインに据えた一般向けの解説書は多くない。図解雑学シリーズは左ページが文章での解説、右ページがイラストでの図解になっており、内容も易しめだ。特定のテーマについて手っ取り早く概略を知りたいと思ったときに便利。

- 松田卓也・木下篤哉『相対論の正しい間違え方』丸善出版、2001 年

  相対性理論で陥りやすい間違いについて丁寧に解説している。難易度は高めだが、相対性理論の入門書を読んだ後にこの本を読むと、相対性理論についての理解が深まる。

- 和田純夫『量子力学の多世界解釈――なぜあなたは無数に存在するのか』講談社、2022 年

  量子力学の多世界解釈派として知られる物理学者の和田による同解釈の入門書。

- リー・スモーリン『宇宙は自ら進化した――ダーウィンから量子重力理論へ』野本陽代訳、NHK 出版、2000 年（* 12 章）

  第 12 章で紹介した「ブラックホールが別の宇宙を生み出す」という独自のマルチバース宇宙論について論じている。